U0924575

包容

地势坤，君子以厚德载物

袁丽萍 编著

中国商业出版社

图书在版编目（CIP）数据

包容 / 袁丽萍编. —北京 ：中国商业出版社，2016.5
ISBN 978-7-5044-9460-3

Ⅰ. ①包… Ⅱ. ①袁… Ⅲ. ①人生哲学—通俗读物
Ⅳ. ①B821-49

中国版本图书馆 CIP 数据核字（2016）第 122860 号

责任编辑：郭　强

中国商业出版社出版发行
010-63180647　www.c-cbook.com
（100053　北京广安门内报国寺 1 号）
新华书店总店北京发行所经销
三河市祥宏印务有限公司

*　*　*　*　*

710×1000 毫米　16 开　14.5 印张　174 千字
2016 年 11 月第 1 版　2021 年 5 月第 2 次印刷

定价：33.00 元

*　*　*　*

（如有印装质量问题可更换）

前言

PREFACE

包容造就境界人生

《易经》中的《象传》说："地势坤，君子以厚德载物。"这句话告诫了我们要有大地的包容性、宽厚性、容忍性；也告诫了我们要有负载万物的胸怀，不应计较个人的得失、个人恩怨的健全心理及其包容一切的高尚品德；也告诫我们不要惧怕人生的挫折、痛苦、屈辱和失败的打击，善于在各种困难和挫折中总结经验，找出进一步发展的道路；还告诫我们要有高瞻远瞩的战略眼光，要有全心全意造福社会的大胸怀……

法国大作家雨果曾说："世界上最宽阔的是海洋，比海洋宽阔的是天空，比天空更宽阔的是人的胸怀。"的确，人的心胸是无比宽阔的，虽然并不是每个人都是如此，但只有学会了包容，懂得包容的人，才会拥有这样的心胸。

寺庙里常常挂着这样一副对联："大肚能容，容天下难容之事；开口便笑，笑世上可笑之人。"如果我们每个人在做人行事上，能做到"大肚"一些，便可消除摩擦与冲突，化解隔膜与嫌隙，在包容与谅解中营造和谐。

林则徐曾说过："海纳百川，有容乃大；壁立千仞，无欲则刚。"在生活中，我们也常常听到老百姓说的一句话："海纳百川，有容乃大。"这里的"容"，说的就是"包容"。

包容是一种修养，也是一种境界，更是一种美德。包容是原谅可容之言、饶恕可容之事、包涵可容之人的胸怀。度量大，就能得人心、纳众谋，就能成其强。正所谓海洋纳百川，终成就其浩瀚；森林容百木，终成就其广袤。任何成就大事者，必须具备海纳百川、森林容百木的包容大胸怀。政治家必须能够包容，因为他所要完成的大事业，是靠调动起千千万万大众的行动而实现的，若无包容精神，便不能成就梦想；作为领导者也必须有包容的大胸怀，因为他的存在价值和水平是靠调动众多人的行动而实现的，若无包容精神，也不能做到；同时，作为我们一介庶民，也要有宽宏的心胸，因为我们要在这个社会上生存，社会本身就是一个个人扎堆的地方，各色各样的人都会遇到。这些人里，一定有自己喜欢的，有自己不喜欢的，也一定有得罪过自己的人。如何以包容之心来面对这些人，实际上也是考验我们人际关系的一个很重要的关键因素。

包容是一种大度，是高尚情操的表现。包容之中蕴含着一份做人的谦虚和真诚，蕴含着一种对他人的容纳与尊重。学会包容，心灵上就会获得宁静和安详。学会包容，就能心胸开阔地生活。很多时候，包容会给人带来一种良好的人生感觉，让我们感到生活的愉悦和人情的温暖。

包容，是一种高尚的美德。"相逢一笑泯恩仇"是包容的最高境界。雨果说："最高贵的复仇是宽容。"所以，当你包容了别人，包容了别人的过失或错误的时候，也往往能化干戈为玉帛，化仇恨为友谊。

学会包容，就学会了做人的责任，也学会了良好的做人方法。生活中，包容的力量是巨大的。因为批评会让人不服，谩骂会让人厌恶，羞辱会让人恼火，威胁会让人愤怒。唯有包容让人无法躲避、无法退却、无法阻挡、无法反抗……

蔺相如对廉颇傲慢无礼的包容忍让，最终感化廉颇负荆请罪，留下千古美谈将相和，使赵国虽小而无人敢犯；林肯的宽容使麦金由逃兵变成勇士，并战斗到生命的最后一刻；周总理以其容纳天地的博大胸怀，在外交上奉行求同存异、和平共处方针，造就了他伟大人格，树立了中华民族的大国风范。同样，邻里间和谐相处需要包容，朋友间友谊绵长离不开包容，夫妻间白头偕老离不开包容，亲戚间和睦共处离不开包容……一个健康文明和谐的社会处处离不开包容。假如没有了包容，则国与国之间会兵戎相见，人与人之间会拳脚相加，社会将因此变得黯然。

包容是一种积极的生活态度，包容是一种君子之风。学会了包容，就会营造和谐的环境；学会了包容，就会感受到人情的温暖；学会了包容，就会感悟到生活的美好。

人活着，没有必要事事认真，为鸡毛蒜皮的事去计较。要记住：包容了别人，就等于善待了自己。包容友谊能够天长地久，包容爱情能够幸福美满，包容世界就能和谐美丽。一个人只有有了宽大的胸怀，有了可以容纳万物的心，才能够成就一番事业，才能够过上快乐而幸福的生活！

目录

第 1 章

宽 恕

充满爱和理解的宽恕是对他人的慷慨，但更是对自己的一份馈赠。

1. 恕道修身

子贡是孔子的得意弟子之一，才高八斗。他不仅有政治、外交头脑，也有非凡的经济才能，后来成了商界巨子。一次，他向孔子请教人生修养问题："有一言而可以终身行之者乎?"孔子说："其恕乎!""恕"，常见的意义有两种，一是用自己的心推及别人的心，一是不计较别人的过错，善于原谅别人。"推己及人"，应是孔子所说的"恕"的重点，因而他唯恐子贡听不懂，紧接着说："己所不欲，勿施于人。"

在儒家学说中，圣人把"己所不欲，勿施于人"的"恕道"作为终身奉行的座右铭推荐给他的高才生子贡。在我们的现实生活中，人们遇事常说："将心比心。"又说："人心都是肉长的。"这实际上正是在推行"己所不欲，勿施于人"的恕道。

问题在于，世道人心，每每是反其道而行之。一般人恰好是自己不想做的事就想让别人去做；自己不想要的东西就巴不得卖给别人。相反，自己想做的自己钟爱的东西，就不那么愿意与别人分享了。所以，不是“己所不欲，勿施于人”而是“己所不欲，千方百计施于人”或“己所欲，勿施于人”，之所以会如此，其基本原因在于凡事都很少为他人着想，而是为自己着想，说到底还是一个“私”字在作怪。

其实，我们还看到，在《论语·公冶长》篇里，子贡自己曾经说过：“我不欲人之加诸我也，吾亦欲无加诸人”，意思是我不把自己的意愿强加给别人，同时也不希望别人把他的意愿强加给自己，这正是“己所不欲，勿施于人”的意思。当即孔子就说：“子贡啊，这不是你做到了的。”可这里又要子贡终身这样做。这一方面说明“己所不欲，勿施于人”很重要，另一方面又说明它的确很难做到，就是连孔子的高足之一子贡也如此。所以，“己所不欲，勿施于人”实际上是孔门儒学中的顶尖功夫之一，恕道之难，难于上青天！

但我们也不得不承认生活中很多人做到了“恕”。他们不计较别人的过失，原谅别人，这也堪称是恕的内容之一。

孔子的学生闵子骞小时候，经常受到后母的虐待。冬天，后母为他做棉衣，用芦花来代替丝絮。闵子骞的父亲了解到这种情况，怒火万丈，决定要休掉妻子。这时，闵子骞的后母也已经生了两个孩子，如果父亲休掉她，几个孩子都将遇到难以克服的困难。闵子骞决心不计前嫌，为后母求情。他跪着向父亲说：“母亲在这里，只是我一人衣服单薄而已，母亲如果离开家庭，我们几个人势必都会受寒冷的威胁。”父亲听了闵子骞的一番话，便中止了休妻的念头。

看，闵子骞不仅没有怨恨继母，反而原谅了继母，帮助继母向父亲求情，这就是一种“恕”。

生活中每个人都会遇到不同的事情，面对这些事情，没有客观的标准。如果能拥有一颗宽容的胸怀，那么，很多事情也就不能称其为遭遇。其实，这就是孔子说的“恕”。

俗话讲：“金无足赤，人无完人。”就是要求人们在为人处世的时候，要学会适可而止，要懂得宽容别人。《荀子》有云：“君子贤而能容罢，知而能容愚，博而能容浅，粹而能容杂，夫是之谓兼术。”明智和愚蠢，博大和浅薄，纯粹和芜杂，这些无疑都是截然相反而又相互对立的东西，但是，对于这些截然相反的东西却不可以用截然相反的心态去对待，若不然，在现实社会中，不管是与人交往还是与人共事，都会陷入一种尴尬而且是负面影响的境地。聪明的人要做到宽容愚笨的人，博学的人要做到宽容浅薄的人，精纯的人要宽容杂驳的人。

孔子的学生曾子曾经说过：“夫子之道，忠恕而已矣”。就是说我的老师这一辈子学问的精华，就是“忠恕”这两个字了。简单地说，就是要做好自己，同时也要想到别人。也就是说，要分析对方的心理，切不可以权压人，以理压人，把对方逼上绝路，那样只能使对方负隅顽抗，更加肆无忌惮，然而，人一旦到了这种无所顾忌的地步，就无所谓尊严、刑法和事理了，因此对待有过失的人要动之以情，晓之以理，心诚则灵，这样感化别人，能收到事半功倍的效果，而这也就是我们所说的“过犹不及。”如果一个人在对待朋友的过失或大是大非面前，能够做到“忠恕”二字，那么离“中庸之道”也就不远了。

2. 宽容是最好的教育

母亲，是世界上最平凡、最普通的称呼，人人都有母亲，几乎每个人在成长过程中都离不开自己的母亲；母亲，更是世间最伟大、最可亲的人，她的爱最无私、最宽容。可实际生活中我们却常常忽略母亲的感受，忘记她最需要我们的关爱。让我们读一则《一碗馄饨》的故事：

一个女孩因为和母亲吵架，负气离家出走。当她感觉到饿的时候口袋里身无分文，面对馄饨摊，她面露难色。这一情景被卖馄饨的老婆婆看到了，免费请她吃了碗馄饨，就是这碗馄饨使得这个女孩感激涕零。于是老婆婆平静地告诉她："……我只不过煮了一碗馄饨给你吃，你就这么感激我，那你妈妈煮了十多年的饭给你吃，你怎么会不感激她呢？你怎么还要跟她吵架？"

女孩愣住了。

女孩匆匆吃完了馄饨，开始往家走去。当她走到家附近时，一下就看到疲惫不堪的母亲正在路口四处张望……母亲看到她，脸上立即露出了喜色："赶快过来吧，饭早就做好了，你再不回来吃，菜都要凉了！"

于是女孩的眼泪掉了下来。

这一碗馄饨终于使得这个女孩明白了全天下还是母亲对她最好，最在乎她，最疼爱她，对她最宽容，即使她伤了母亲的心，母亲还是在为她焦急，为她担心。

世界上最宽阔的是大海，比大海更宽阔的是天空，比天空更宽阔的是母亲的胸怀。母亲是宽容的，她们的“宽以待子”不仅是一种人生态度，还是一种高贵的品质。宽容的母亲都善于理解自己的孩子，邓肯的母亲就是这样一个充满宽容和理解的人。她的宽容和理解让邓肯成就了自己的事业。

邓肯是现代舞蹈之母，她以个人的心理感受加上丰富的想像力，结合后来女性主义者强调的个人表达和妇女主张的社会责任于一身，以独一无二的卓越才能开创了现代舞蹈艺术的先河，成为世界级的舞蹈艺术家。邓肯还以自己创办的舞蹈学校，传播推广了她的舞蹈思想和舞蹈动作，影响了世界舞蹈的发展。她的成功还得益于母亲大胆的放手和理解。

在舞蹈这条道路上，母亲向来不给邓肯设置障碍。她深深理解女儿对舞蹈的追求和热爱，给了她充分的发展空间。

邓肯10岁那年，有一个老婆婆晚上常到邓肯家里坐坐。老人从前曾经在维也纳住过，看到邓肯她就说起爱斯娜，并把爱斯娜成功的历史讲给孩子们听。老人说：“邓肯将来会成为爱斯娜的。”于是，老人建议带邓肯到一个著名的舞蹈教师那里去学习，邓肯也很乐意。看到邓肯充满期待的眼神，邓肯的妈妈在当时极端艰苦的情况下筹集了一笔费用，支持邓肯去学习。

但是，邓肯只学了三次就再也不去了。邓肯对当时老师教授的内容极度不满意，认为芭蕾要求舞者站在脚尖上跳舞不仅不美，而且非常丑，是反自然的。当邓肯把自己要放弃的想法告诉母亲之后，她母亲尽管有些生气，毕竟这次求教花费了她不小的一笔生活费用，但并没有责怪她。反而对她说：“如果你认为自己的舞蹈才能真正体现自己，那么便勇敢地跳下去。孩子，自由地表现艺术的真理，也是生活的真理。”

这件事给邓肯留下了深刻的印象。她成名之后，想起这件事，仍颇有感触地说："我母亲给了我一个充分自由的空间，让我学会真正地生活，勇敢地追求艺术。"

母亲包容和善于理解的品性，成就了邓肯，让她成了一个为自由而舞蹈的艺术家。因此为了孩子的健康成长，妈妈们应该在生活中不断提升自己的修养，培养包容的品质，这样才能让自己成为一个受欢迎的人，还能成为一个受欢迎的妈妈。

宽容和理解的妈妈，让孩子写作业不再难。对很多孩子来说，家庭作业犹如一场战争，既要和自己的惰性较量，又要和家长、老师较量。作业做得不好，孩子要挨批，家长看着也生气。学校开始实施家长签名制之后，每天给孩子的作业签字，也成了妈妈们的一项作业。怎样愉快地完成这个作业呢？这是很多妈妈都好奇又觉得无望的一个问题。

分析一下孩子的心理，我们就能明白为什么他们不喜欢做作业。中小学生的作业往往是"抄十遍"、"做两套试卷"这样的简单、重复的事情，缺少乐趣，单调乏味。孩子们实在难以拿出热情来爱上这样的作业；另一方面，孩子们的自觉性不高，也不能认识到学习对自己人生的重要性，脑袋里面就想着玩儿，让他们去做作业，简直就是压抑天性，何况老师和家长都是以命令的语气来告诉他们，要做多少，怎么做，何时交上来，就跟我们交工作业绩的心情是一样的。

理解了孩子的这种心情，孩子写作业的问题就有方可寻了。想要让孩子爱上写作业很难，但是想要让孩子自觉地做作业，不推三阻四，不敷衍塞责，还是有办法的。那就是理解孩子的心理，让他自己选择做作业的时间，这一点很重要。

妈妈宽容和理解，孩子就会远离撒谎。生活中，相信有很多妈妈都有类似的困惑，孩子说谎，她们不知道是哪里出了问题。很多妈妈以为是孩子品行不好，事实上，简单地将孩子说谎归咎于品行不好是错误的。因为，很多孩子说谎并不是因为品行不好，而是迫于父母的压力。比如，有的家长很严厉，孩子稍微有点小错，就开始大声训斥，打骂，或者是不尊重孩子的想法，凡事都干涉孩子，并且强制孩子按照自己的意愿生活。这些都会造成孩子的情绪紧张和不平衡，为了逃避父母的惩罚，他们便学会了说谎。

当你发现孩子说谎的时候，千万不要立即去教训孩子，此时，不妨冷静地坐下来想一想，孩子为什么会说谎，是因为自己给了孩子很大的压力？还是因为在以往的生活中，每次孩子犯错误都会遭到严厉的批评？抑或是不尊重孩子的想法，凡事要求孩子按照自己的意愿生活？……找到原因后再对症下药，这样才是解决问题的根本之道。只有从根本上消除孩子的后顾之忧，才能让孩子远离谎言，生活在真实的世界里。

总之，宽容和理解的妈妈能够设身处地为孩子着想，给孩子自我发展的空间；能够换位思考，理解孩子成长中遇到的种种烦恼；能够感知孩子的感受，给予孩子恰当的关心和爱，让孩子健康成长。

3. 换位思考

有这样一个很有哲理的故事：

一位16岁的少年去拜访一位年长的智者，他问："我如何才能变成一个自己愉快，也能够给别人带去快乐的人呢?"

智者看了看他，笑着说："孩子，在你这个年龄有这样的愿望，已经是很难得了，很多比你年长的人，一辈子也许都没有你这样的愿望。”

少年满怀虔诚地听着，脸上没有流露出丝毫得意之色。

智者接着说：“我送给你四句话，第一句话是，把自己当成别人。你能说说这句话的含义吗?”

少年回答说：“是不是说，在我感到痛苦忧伤的时候，就把自己当成别人，这样痛苦自然就减轻了；当我欣喜若狂之时，把自己当成别人，那样，狂喜也会变得平和一些?”

智者微微点头，接着说：“第二句话是，把别人当成自己。”

少年沉思一会儿，说：“是不是这样就可以真正同情别人的不幸，理解别人的需求，并且，在别人需要的时候给予恰当的帮助?”

智者两眼发光，继续说道：“第三句话，把别人当成别人。”

少年说：“这句话的意思是不是说，要充分地尊重每个人的独立性，在任何情形下都不可侵犯他人的核心领地?”

智者哈哈大笑：“很好，很好。孺子可教也！第四句话是，把自己当成自己。这句话理解起来太难了，留着你以后慢慢品味吧。”

少年说：“这句话的含义，我一时是体会不出，但这四句话之间就有许多自相矛盾之处，我用什么才能把它们统一起来?”

智者说：“很简单，用一生的时间和经历。”

少年沉默了很久，然后叩首告别。

后来，少年变成了青年人，又变成了老人。再后来，在他离开这个世界很久以后，人们都还时时提到他的名字。人们都说他是一位智者，因为他是一个愉快的人，而且，也给每一个同他交往过的人带来了愉快。

换位思考，就是设身处地为他人着想，即想人所想，理解至上的一种处理人际关系的思考方式。人与人之间要互相理解，信任，并且要学会换位思考，这是人与人之间交往的基础：互相宽容、理解，多站在对方的角度去想，从他人的立场去看，你就会豁然开朗。

有一个古代传奇，说的是在江湖上从未遇过对手的南侠与号称天下无敌的北侠，是江湖上的对手。虽然两人从未见过面，但南侠、北侠仗义的胸襟却是一样的，因此，尽管他们谁也不服谁，但一南一北相隔两地，彼此之间倒也相安无事。不过，江湖上的邪魔歪道却对于这两位大侠恨之入骨，巴不得能够早日将这眼中钉、肉中刺连根拔除。这些江湖败类群聚一堂，终于想出了能够一举除去南、北侠的毒计。

数日之后，南侠与北侠分别接获请柬，两人不加怀疑，立即便依请柬上的日期与地点前往赴约。在那批江湖败类的精心设计下，南北侠走到了一座独木桥的两端，两人只见桥面当中竖立着一面华丽非常的牌子。

南侠望了望长桥彼端的陌生人，客气地笑道："桥面狭窄，两个人不是很好走，还是请你先过桥啊！这面银色的牌子真是漂亮，不知是谁遗落在这里的?"

北侠听了对面陌生人的话，马上回答道："我不赶时间，还是让你先过桥。不过，这位朋友，你说错了一件事，那面牌子是金色的啊!"

南侠断然道："不！是银色的!"

北侠坚持道："你的眼睛有问题，牌子明明是金色的。"

两位大侠你来我往，丝毫不肯在口头上认输，坚持自己看到的牌子颜色才是正确的。终于一言不合，动起手来。两位绝顶高手这一阵交锋，套句武侠小说中常用的说法，当真是打得山摇地动、日月无光。经过大约一炷香的时光，南、北侠二人打成两败俱伤，躺在地上已奄奄一息。

这时南侠猛然抬头，见到桥上的牌子，不禁失声大叫，而北侠也在同一时间大叫出声。原来两人经过一阵恶斗，移形换位，挪腾到了对方的位置，也看到了对方所看到的牌子呈现的颜色，故而失声叫出来了。

只是，这时埋伏在四周的邪魔歪道脸上也正露出了狞笑，一步一步地向他们逼近。

换位思考是融洽人与人之间关系的最佳润滑剂。人们也都有这样一个重要特点：即总是站在自己的角度去思考问题。假如我们能换一个角度，总是站在他人的立场上去思考问题，会得出怎样的结果呢？最终的结果就是多了一些理解和宽容，改善和拉近了人与人之间的关系，这一切都是从换位思考获得的，宽容这一美德的得来，也始于换位思考。

第2章

豁 达

"人有悲欢离合，月有阴晴圆缺，此事古难全，但愿人长久。"

1. 由它，任它

有这样一个哲理性的故事：

唐代禅僧药山惟俨在禅宗历史上有着举足轻重的地位，他有两个弟子，一名道吾，一名道膺。一天，师徒三人在禅院中打坐，禅师见院中一棵树长得很茂盛，旁边一棵树却即将枯死，便指着两棵树问两个弟子："那两棵树，是枯的好呢？还是荣的好？"

道膺说："荣的好。"

道吾说："枯的好。"

恰好一个小沙弥从旁边走过，药山又问小沙弥。

小沙弥说："枯者由它枯，荣者任它荣。"

一个问题，三种答案，各有各的道理，各有各的境界。

道膺说“荣的好”，是因为在他看来，“荣”象征着生命力，象征着一切阳光、美好、幸福、喜悦的东西，这是一种灿烂的心境。

道吾说“枯的好”，是因为在他看来，“枯”象征着修行者寂静、无为、淡泊的心境，象征着一切与纷扰、烦恼无关的东西，这是修行者所必须的心态。

但二人与那不知名的小沙弥相比，无形中已落下风。因为“荣”也好，“枯”也罢，都是他们二人各自的喜好，人一旦有了喜好，也就有了憎厌和烦恼，这就触犯了禅修的大忌——“分别心”和“我执”，与禅修的至高至深境界，即无物无我、任枯任荣的自在解脱相背离。

青莲白藕红莲花，三教原本是一家。小沙弥的回答，亦暗合我们前面提到过的道家的“道法自然”思想。所谓“道法自然”，简单来说就是人应该顺应自然规律，因为自然规律是人力无法改变的，既然无法改变，那么只能顺应。联系前面的典故，树木的荣枯固然与人为因素有关，但绝大程度上仍取决于自然规律。每一棵树都不可避免地会走向枯萎，我们无力阻挡大自然的残酷脚步，只能“荣的任它荣，枯的任它枯”。

大自然亦有其温情之处。王蒙在《老子十八讲》中举过一个例子，大意是说一粒麦种经过发芽、开花、结果，最终必然会走向枯萎、死亡，但它在生长过程中，结出了更多的麦穗和麦种，生命得以延续，基因得以传承……大自然自有安排，我们没必要为树木的枯萎而伤感，为花朵的凋谢而憔悴，因为一株树的枯萎意味着更多的绿荫，凋谢才是花开的最终目的——花不凋，怎结果？想到这一层，我们还有什么不能坦然接受、面对的呢？

禅太玄，道太深，我们来看一个浅显的小笑话：

有个厨师特别喜欢做烤鸭。有一天饭店来了客人，点了一只烤鸭，厨师使出压箱底的功夫，把那只烤鸭做得尽善尽美，然后他就留心到底谁吃了他的烤鸭。结果他很失望：一大桌子人没有一个人动他的烤鸭。这个厨师就感到非常愤怒，他拿着菜刀冲出去问大家：你们为什么不吃烤鸭？烤鸭是这桌菜中最好吃的！

其实，我们在生活都扮演过类似的角色，我们付出的时候总是会抱着类似的期望心态，当这种心态落空，我们就会把自己扮演成另外一个角色——受害者。时间长了，自然看哪儿哪儿不顺眼，看谁谁都在跟自己作对。实际上却是我们自己同自己过不去。

时下有一句流行语："要么忍，要么残忍"，听上去很经典，很酷，其实不然。忍什么？为什么要残忍？忍和残忍都是外物干扰了内心以后的反应。如果我们能保持内心的平静，那么就谈不上忍，也无须残忍。万物往复是自然规律，万般事端皆是因缘，任它来去，我依然是我，这样想，这样做，这世上就没什么事情、什么人伤害得了你。

西方也有一个类似的故事：

某地有座修道院，由于有求必应，专程来此祈祷的人特别多。一天，修道院的看门人对神坛上的神像说："我真羡慕你呀！你每天轻轻松松，不发一言，就有这么多人送来贡品，哪像我这么辛苦，风吹日晒才得温饱……"

"是吗？"一个声音打断了他，说："那我下来看门，把你变到神坛上。但是你要保证，不论你看到什么、听到什么，都不可以说一句话。"泥塑的神像忽地变成了传说中的天主模样。主显灵了！

"这有什么，不就是不说话嘛！"看门人努力抑制住激动的心情，忙不迭地爬上神坛。每天，他都依照与天主的约定，静默不语，聆听信众的心声。来往的人络绎不绝，他们的祈求，有的合理，有的不合理，有的甚至非常荒谬。但他都强忍着，不说一句话。

这样过了半年多，一天清晨，来了一位富商，当他祈祷完毕离开时，竟忘了拿手边的钱袋。看门人瞧在眼里，真想叫富商回来，但想到与天主的约定，只好憋着不说。

接着又来了一位穷人，他祈祷天主能帮它渡过生活的难关。当他准备离开时，一眼发现了先前离开的富商丢的钱袋，顿时欣喜若狂："天主显灵了，有求必应！有求必应！"然后万分感谢地离去。看门人看在眼里，想告诉他，这不是你的钱，你不能拿。但约定在先，他不能说。

穷人离开不久，又来了一位将要出海远行的年轻人，他祈求天主降福，保佑自己一帆风顺。祈祷完，年轻人准备离开，这时丢钱的富商冲了进来，一把抓住年轻人的衣襟，让他把自己的钱袋交出来。年轻人不明就里，血气方刚，当场和富商吵了起来。

修道之处，岂能喧哗！更何况这个误会只有自己能解开，看门人忍了又忍，终于开口说出了真相……事情弄清楚了，富商急忙去找捡到钱袋的穷人，年轻人则匆匆离去，生怕赶不上当天的航船。这时，真正的天主再次现身，指着神台上的看门人说："你下来吧！你没有资格坐那个位置。"

"我把真相告诉他们，主持公道，化解误会，有什么不对？"看门人很不服气。

天主说："你错了。那个富商并不缺钱，他那袋钱不过是准备嫖妓的；那些钱到了那个穷人手里，却可以拯救一家老小；最可怜的是那个年轻人，如果富商一直纠缠着他，延误了他出海的时间，他还能保住一条命，而现在，他所搭乘的那条船正在沉入海中！"

连造物主都懂得保持沉默，顺其自然，而我们却总是在身不由已的幻想着改造人生的不如意，到头来，事与愿违、自讨苦吃、心不能平又怪得了谁？

还是那句话：别和生活讲道理，因为生活不讲理。有些事我们根本避不开，也改变不了，我们只能相信，不论顺境、逆境，都是上天对我们最好的安排，我们应该心存感激地虔诚接受，平静面对，由它，任它。

2. 潇潇洒洒

说到潇洒，人们尤其是女性朋友们，往往会联想到那些风流倜傥的美男子，诗圣杜甫在《饮中八仙歌》中也曾经写道："宗之潇洒美少年，举觞白眼望青天，皎如玉树临风前"，言下之意，潇洒即美，即帅，即酷，这不假，但这只是潇洒的初级阶段。真正的潇洒，与外貌无关，心灵的潇洒才是真潇洒。

心灵的潇洒也叫洒脱，而洒脱又往往与不羁联用——洒脱不羁，换句话说，不潇洒、不洒脱的最主要的表现就是"羁"，也就是束缚、拘束。被束缚当然不好，但古往今来，真正洒脱不羁的人少之又少，更多的人都是有意无意的被名利束缚、被世俗束缚，苦在其中却乐不思蜀。人类是一种自我折磨的动物，但人们称这种自我折磨为自我保护。试想，有多少会真心喜欢一个"白眼向青天"的美少年呢？洒脱不羁，在一定程度上也就意味着放荡不羁。而放荡，则意味着游戏人间，对自己的未来前途不负责任。这种潇洒，是入不了广大俗人的法眼的。

东晋的王羲之，是丞相王导的侄子，称得上系出名门。当时的另一位朝廷重臣郗鉴有个女儿名叫郗璇，又有才又有貌，郗鉴视其为掌上名珠。后来，女儿长大成人，郗鉴准备为自己挑个好女婿，他听说王家子弟众多，个个出众，便和王导打过招呼，派管家去王导家中考察王氏子弟。

王家的小伙子们早就听说过郗璇的芳名，听说郗鉴派人来挑女婿，一个个铆足了劲，穿戴整齐，彬彬有礼，只盼雀屏中选。郗府的管家看来看去，觉得都不错。最后，管家来到东跨院的书房里，只见靠东的床上躺着一个青年，正在光着膀子大嚼烧饼，肚子上都是芝麻粒儿！这个人就是王羲之。当时他正着迷东汉著名书法家蔡邕的碑帖，来到相府不久就把郗府选女婿的事忘到了脑后。由于天气太热，就随手脱掉外衣，袒胸露腹，边嚼烧饼边琢磨书法。负责引路的仆人告诉他郗府的管家来了，他也没听见，不仅没下床，表示一下基本的礼貌，连一句话也没说。

郗府的管家见他这般神情，觉得不可思议，回府后便如实说："王家的年轻公子共 20 余人，听说郗府择婿，个个争先恐后，只有一位公子，躺在东床上，光着膀子嚼烧饼，一点儿也不热心。"郗鉴听后笑道："哈哈，就是他了！"然后，郗鉴亲至王家，见王羲之既豁达又文雅，才貌双全，当场择为快婿。这就是"东床快婿"一词的由来。

无须佩服王羲之，他的潇洒普通人是做不来的。即使做不了郗鉴的女婿，他也不至于打光棍。而普通人，遇到这么好而且也是惟一的一个机遇，能不趋之若鹜，置之死地而后生吗？当然，王羲之的潇洒也是不容置疑的，否则他不可能写出冠绝古今的《兰亭序》。

再来看"破甑不顾"的典故：

据《世说新语》记载，东汉人孟敏年轻时客居太原，有一天，他赶集买了一个烧饭用的陶甑，回家路上，一不小心，甑掉在地上，"咣"的一声摔破了。换作一般人，肯定会惋惜、懊恼，但孟敏却连头都没回地泰然而去，仿佛他的甑根本就没掉一样。恰好他背后有一个名叫郭泰的大学者目睹了此事，郭泰赶上前去，礼貌地问道："好好一个甑，这样摔破了，你怎么看都不看一眼？"

孟敏说："甑已经破了，还回头看它，又有什么用呢？"

郭泰一听，觉得这个年轻人非同小可，便劝他去游学。十年之后，孟敏便名闻天下，后来还位列三公。

也不要一上来就崇拜孟敏，试想如果他摔破的不是一个陶甑，而是一个"金饭碗"、一个光明的未来呢？古人的潇洒或许是后人强加给他们的。人活人世间，除了潇洒什么也不顾，终究潇洒不了多久。我们所谓的潇洒，只不过是一种尺度，一种离生活近些、离欲望远些的心境。

比潇洒更高的境界是逍遥。很多人都读过庄子的《逍遥游》，羡慕庄子的逍遥，然而大多数人只是羡慕庄子的精神生活，而不愿意真的过过庄子的日子。因为庄子的生活非常窘迫。而且，很多原本可以让他不再窘迫的机会来到时，他却毫不犹豫地放弃了，气得跟他过了一辈子苦日子的老婆哭哭啼啼，很不理解。

比如有一次，楚威王派使者请庄子出任相国，庄子却对来人说，我听说楚地有一只神龟，死后用箱子装着，用毛巾包着，供在高堂之上。你想这种神龟是愿意死后留下骨头被烧香供拜，还是宁愿自由自在地活在泥塘里呢？

又有一次，某国派使者请庄子出山担任高官，庄子为他举例子说：那些被圈养着用来祭祖的牛，平日吃的都是上等的饲料，祭扫当天还披红挂彩，可谓荣耀至极，直到血染利刃，方知大限已到；相对而言，林间的野鹤平日必须辛苦寻找食物，然而却能自由自在的过着安全无虑的生活。你想，我是应该做祭牛还是做野鹤呢？

答案当然是后者。但我们也应该注意到，庄子所言所为，有其时代性，当时正值战国时期，各诸侯杀伐不断，百姓生活于水火中，身居高位者更是伴君如伴虎，朝不保夕，在这种情况下，所有的潇洒、再多的逍遥都不如保命来的实在。而今天的我们，却不必一味效仿林中的野鹤，我们只需做不必受名利物欲牵制的牛而已。逍遥，不是让人与所有的物质划清界限，而是让心灵进入一种自由和快乐的状态中，彻底把自己从名缰利索中解救出来。如此，人生无处不是逍遥乐土。

3. 一切都是最好的安排

有这样一个故事：

古时候，有一个国王，他很宠爱他的宰相，这个宰相的口头禅就是“一切都是最好的安排”，国王很喜欢出游，而且经常带着他的宰相。有一天，他们带着侍卫出去打猎，国王打中了一头狮子，兴匆匆地跑了过去，谁知道狮子并没有死，看到国王走近，突然奋起袭击国王，在侍卫的救护下，国王活了下来，但是受了伤，而且小拇指被折断了，国王很伤心。可是宰相还是说“一切都是最好的安排”，所以国王很愤怒，把宰相关了起来。

过了一个月，国王的伤好了，他又想出去玩了，往常他会带着宰相，可是这次，他准备自己一个人出去。骑着快马，他来到了国界附近的丛林之中，看着皎洁的月亮，很舒怀地走在深林里的小路上。这时候突然来了一群野人，把他团团围住，原来在这附近生活着一些古老部落的人，他们会在月圆之夜抓一个人献祭给上天，国王就很不幸地成为了他们的猎物，野人们把国王的衣服撕掉，很开心今天抓到了一个细皮嫩肉的祭品，相信老天一定会满意这份礼物的，下个月肯定会保佑他们抓到更多猎物的。就在他们把国王推上祭坛的时候，有人发现国王的小拇指缺了，“呃……！”野人们发出愤怒的叫声，献给神的礼物怎么能有残缺呢？所以他们把国王放了。

回到皇宫中，国王下令把宰相请了过来。国王对宰相说“我今天才领略到‘一切都是最好的安排’这句话的意义。不过，爱卿，我因为小指断掉逃过一劫，你却因此受了一个月的牢狱之灾，这要怎么说呢?”宰相笑了笑，说道“陛下，如果我不是在狱中，依往日惯例，肯定要陪您出行，野人们发现您无法作为祭品的时候，那他们不就是会拿我祭神了吗？臣还要谢谢陛下的救命之恩呢!”

所以，一切都是最好的安排，感恩生命中所遭遇的一切。顺天命，尽人事。“顺天命，尽人事”语出儒家经典《中庸》，也被称作“尽人事，听天命”、“尽人事以听天命”等等，言下之意无非都是说，我们做事情一定要尽心尽力，但能否成功，还得听老天爷的，与“谋事在人，成事在天”相类似。

乍一听，这些话似乎带有一种消极乃至迷信的色彩，实际上并非如此。我们所谓的“我命由我不由天”，指的只是一种应有的生活态度，但老天何曾顾及过人类的态度呢？谁喜欢地震？但它说来就来了；谁喜欢车祸？但它一而再再而三的来；谁喜欢绝症？但它来了说什么也不走……在老天面前，人类往往只有被动接受的份儿，其反抗的力量和效果也往往微乎其微。

孔子一生颠沛流离，始终不渝地追求自己的理想，但孔子这么积极的人也说：“五十而知天命”。看来，“顺天命”乃正常现象，没什么消极不消极的。

国学大师季羡林也曾在文中这样写道：

“缘分和命运可信不可信呢？我认为，不能全信，又不可不信。我绝不是为算卦相面的‘张铁嘴’、‘王半仙’之流的骗子来张目。算八字算命那一套骗人的鬼话，只要一个异常简单的事实就能揭穿。试问普天之下——‘番邦’暂且不算，因为老外那里没有这套玩意儿——同年、同月、同日、同时生的孩子有几万，几十万，他们一生的经历难道都能够绝对一样吗？绝对地不一样，倒近于事实。”

“可你为什么又说，缘分和命运不可不信呢？我也举一个异常简单的事实。只要你把你最亲密的人，你的老伴——或者‘小伴’，这是我创造的一个名词儿，年轻的夫妻之谓也——同你自己相遇，一直到‘有情人终成了眷属’的经过回想一下，便立即会同意我的意见。你们可能是一个生在天南，一个生在海北，中间经过了不知道多少偶然的机遇，有的机遇简直是间不容发，稍纵即逝，可终究没有错过，你们到底走到一起来了。即使是青梅竹马的关系，也同样有个‘机遇’问题。这种‘机遇’是报纸上的词儿，哲学上的术语是‘偶然性’，老百姓嘴里就叫做‘缘分’或‘命运’。这种情况，谁能否认，又谁能解释呢？没有办法，只好称之为缘分或命运。”

“……信缘分与不信缘分，对人的心情影响是不一样的。信者，胜可以做到不骄，败可以做到不馁，决不至胜则忘乎所以，败则怨天尤人。中国古话说：‘尽人事而听天命。’首先必须‘尽人事’，否则馅儿饼决不会自己从天上落到你嘴里来。但又必须‘听天命’。人世间，波诡云谲，因果错综。只有能做到‘尽人事而听天命’，一个人才能永远保持心情的平衡。

其实，‘命运’本身就是个合成词。所谓‘命’，严格意义上来说是指一个人出生时定格的那一刻，也即所谓先天的东西，而‘运’则是指一个人在人世间的发展轨迹，按照迷信的说法，人始终在‘交运'，只不过有些人在交'好运'，有些人在交'恶运'。有些'运'还是可以转化的，有些'运'则是介于好坏之间的，比如通常说的'桃花运'。也就是说，'运'这种东西相对来说还不是太残酷，但'命'却是无法改变的。谁能改变自己的出生地、父母、出生的时辰呢？你只能认命。要想改，也只能改变自己的'运'。这个改变'运'的过程，也即'尽人事'。"

人生的残酷性就在于，它不以谁努力而定输赢。世人大多有这样的经历：为了完成某件事情，千般算计，万般考虑，眼看成功在即，唾手可得，却不料半路杀出个丧门星，眼睁睁地看着好事泡汤。如果问题是因为我们考虑不周，我们必须吸取经验教训，尽快调整好状态，再次出征，这就是"尽人事"，而不能一朝被蛇咬，十年怕井绳。但如果导致我们功败垂成的是那些不可预知的因素，非人力所能控制，我们只能尽付于"天命"。

古人有诗曰："身似青山气似云，也曾富贵也曾贫。时运未至君莫笑，太公也做钓鱼人。"有些人对此不屑一顾，有什么时运，努力就是了，但光有努力远远不够，你还得会做人，至少得有一颗能承受的心。君不见，有些人天资聪颖、勤学苦修，却始终被排斥在"圈子"之外，穷困潦倒，"混"得还不如普通人；有些人平庸无德，甚至极端缺德，只因投胎投得好，便轻易攫取财富、权利和荣誉。但若因此向命运低头、自暴自弃，或不讲方式方法，以卵击石，以身殉道，不论动机如何，其行为终不可取。《汉书》上有句话，天道有常，不以尧兴，不因桀亡。意思是说，世界绝不会因为某一个人讲道德而兴旺，更不会因为某一个人行恶事而毁灭。同样，上天也绝不会因为某一个人努力就一定让他成功。从一定程度上说，努力只意味着成功的几率比那些不努力的人稍大，努力只意味着有可能成功。如果非要把"可能"变成

“一定”，从心底排斥那些客观存的意外，岂不是自欺欺人？

人生如浮萍，我们既不能随波逐流，又必须顺着水流向彼岸荡漾，这是一个奋力、拼搏、改变命运的过程，也是一个无法预知的过程，或许只是一个小小的浪花，就能把我们推向未知世界；或许只是一个小小的漩涡，就能把我们打翻。对此，我们只能坦然面对，用努力去改变那些可以改变的事情，用胸怀接纳那些无法改变的事实。“命里有时终须有，命里无时莫强求”，人生在世，只要尽心尽力，尽本分尽良心去做就是，至于做到什么程度，其实并不太重要。

我们常说，“有耕耘就有收获”，这句话需要辩证地去看待。大旱、洪水、蝗灾……大自然随便都有可能让我们颗粒无收，但我们又不能因为有可能发生自然灾害就不播种，毕竟，还是丰收的年景多。

第3章

大度

"大肚能容，容天下难容之事；开口便笑，笑世上可笑之人。"

1. 宽则得众

人与人之间多一点宽容，朋友就多；上下之间多一点宽容，干群之间就融洽；社会越宽容，世界就越和谐。一个人是这样，一个单位也是这样，一个民族更是这样！

子张问仁于孔子。孔子曰："能行五者于天下为仁矣。""请问之。"曰："恭、宽、信、敏、惠。恭则不侮，宽则得众，信则人任焉，敏则有功，惠则足以使人。"

子张向孔子问仁。孔子说："能够处处实行五种品德。就是仁人了。"子张说："请问哪五种。"孔子说："庄重、宽厚、诚实、勤敏、慈惠。庄重就不致遭受侮辱，宽厚就会得到众人的拥护，诚信就能得到别人的任用，勤敏就会提高工作效率，慈惠就能够使唤人。"

在历史上，有许多“宽则得众”的著名典故和故事：

曹操在和袁绍的战争中，曹操大获全胜，将所得金宝缎匹，分赏给军士。在图书中检出书信一束，都是许都及军中诸人与绍暗通之书。左右曰：“可逐一点对姓名，收而杀之。”

操曰：“当绍之强，孤亦不能自保，况他人乎?”遂命尽焚之，更不再问。

曹操对自己当前的处境分析得十分清楚。袁绍虽然失败了，但势力还尚存，而且背后的刘备和孙权也在伺机而动。当此之时，稳定人心才是当务之急。曹操焚书不究，使通袁叛曹的人免去了一块心病，为了报恩，他们必定会拼死向前，任曹操所驱使，曹操不仅因此获得了人心，而且也获得了心胸宽广的美名，真是一石二鸟之举呀。

乐于忘记是做领导的又一特征，既往不咎的人，才可甩掉沉重的包袱，而大踏步地前进。做领导的要有点“不念旧恶”的精神，况且在许多情况下，人们误以为“恶”的，又未必就真的是什么“恶”。退一步说，即使是“恶”，对方心存歉疚，诚惶诚恐，你不念旧恶，以礼相待，说不定也能使对方改“恶”从善呢。

唐朝的李靖，曾任隋炀帝的郡丞，最早发现李渊有图谋天下之意，亲自向隋炀帝检举揭发。李渊灭隋后要杀李靖，李世民反对报复，再三请求保他一命。后来，李靖驰骋疆场，征战不疲，安邦定国，为唐朝立下赫赫战功。魏徵曾鼓动太子建成杀掉李世民，李世民同样不计旧怨，量才重用，使魏徵觉得“喜逢知己之主，竭其力用”，也为唐王朝立下了丰功。

由此可见，实行宽政，保持中和的状态，进行综合治理；施行猛政，而先设其禁，以威守之，保证社会等级和阶级的堤防不被冲决，简便易行，因而成为治理天下行之有效的方法。

儒家宽猛相济的这一中庸之道的思想瑰宝，不仅对古代的社会生活发挥过重大的作用，而且在今天依然放射着夺目的光芒。尤其对注重社会效益和经济效益的商业行业来说，有着特别重要而又实际的意义。在商业活动中，如果能按照中庸之道待人行事，就能真正做到进取而不盲动，稳健而不保守，敢冒风险，又善于稳中求胜，从而取得言论行动的最大最好效果。这种用全面、稳健来约束自己言行的思想，对于培养健康的商业人格，协调社会人际关系，取得商业成功，促进社会稳定发展，都具有积极的意义。

2. 当众拥抱你的对手

对于一个人来讲，当众拥抱自己的对手，这的确是一件很难做到的事，因为绝大多数人看到自己的“对手”，都会不自觉的产生一种灭之而后快的冲动，只是环境不允许或没有能力消灭对方。可见要主动拥抱自己的“对手”是多么艰难。

但是，就因为这事难做，所以人与人之间才产生了不同，才有了高低之分，大小之别。一般而言能当众拥抱对手的人，他的成就往往比不能拥抱对手的人要大很多。为什么会这样说呢？原因在于：能当众拥抱自己对手的人，是站在主动地位的，能采取“制人而不受制于人”的主动态度。当你采取主动，不只迷惑了对手，而且也使对手搞不清你对他的态度，同时，对第三者也有一定的迷惑作用，让他搞不清楚你和对方到底是敌是友，甚至都会误认你们已“化敌为友”。当然，是敌是友，只有你自己心里最清楚。对于这一点，做得最好的可能要属我国历史上的越王勾践了。

春秋时期，越王勾践与吴王夫差在夫椒大战，不幸的是越王勾践战败，越国水军几乎全军覆没。越王勾践只得向吴国屈辱求和。可是，按照吴国的要求，越王勾践必须到吴国服役三年。越王勾践为了保全自己的实力，便接受了吴国所提的屈辱要求，带着自己的妻子去吴国服役。

由于越王勾践是苦役，在战胜国吴国定然处处受人凌辱，什么看坟、喂马、给吴王脱鞋，服侍吴王上厕所，总之，样样都做。因为越王勾践如果稍有不敬，便很有可能会被吴王夫差拉出去处死。为了复国大计，越王勾践面对着吴王夫差精神和肉体上的双重折磨，还是表现得很恭敬、很驯服。

有一次，吴王夫差病了，越王勾践每天都去看望，并且还尝了夫差的粪便。尝完后，越王勾践很是高兴地说："恭喜大王，你的病就要好了。"吴王夫差看到这种情形，一脸的惊讶，而越王勾践却说："这是从古人的医书上看到的，如果是不治之症，粪便就是苦的；如果是可治之症，粪便就是甜的。刚才我尝大王的粪便是为了察看大王的病情，用不了多久，大王的病就会好了。"吴王夫差听了以后，果真相信了，并十分感动地说："我的儿子也未必如此，你真比我的儿子还要强啊!"

可是，吴王夫差万万没想到这是越王勾践故意使用的计谋。你想，越王勾践当着那么多人的面尝了吴王夫差的粪便，这是其他任何一个人都无法也难以做到的啊。吴王夫差如果再对这样对他好的人下手，不免要背上背信弃义的恶名。因此，这样一来，越王勾践就从处于被动的地位变成了主动的地位，而吴王夫差却把原本的主动地位变成了现在的被动地位，也就是由原来的"出招"、"挑战"的地位变成了现在的"接招"、"应战"的地位。

因此，你当着众人的面拥抱自己的对手时，除了可以在某种程度上降低对方对你的敌意之外，还可以避免你自己与对方的敌对局势进一步恶化。所以，能当众拥抱自己对手的人，也将是一个成熟的人最聪明的做法。更重要的是，当众拥抱对手之动作一旦做了出来，久了会成为习惯，你就能容天下人、天下物，出入无碍，进退自如。

在漫漫的人生长路上，我们需要寻找一个和自己有着共同追求、相同信念的对手。须知，对手并不等于敌人，他也可以成为你的知音、你的伙伴。你们因为共同的理想而相识、相知，又因为共同的目标而进取、竞争。在这一过程中，不论是自己还是对手，都使人生的价值和意义得到了一次超凡的提升和飞跃。

纵观历史，有多少人既是朋友，又是对手！李白和杜甫堪称中国诗坛上的双子星座，两人的情谊也广为人知。李白曾经写过多首诗作抒发真挚友情，杜甫也曾作《天末怀李白》一诉衷肠。可两人也是诗坛上的对手，互相竞逐，以两种截然不同又各有千秋的风格装点了中国文字的殿堂。普朗克和爱因斯坦都是伟大的物理学家，又同样钟情于音乐。尽管他们在物理学研究中是竞争对手，但他们又是多么融洽的一对朋友啊，尤其是当他们沉醉在音乐的国度中时。

所以，不要把你的对手当做芒刺，当做和你争夺奶酪的敌人。应该想想，他若没有一定的分量，又怎能成为你的对手？针锋相对只能走向狭隘和短视，放开胸怀，拥抱你的对手，学习对手的长处与优势，才是发展与进步的动力！

3. 心宽天地宽

有这样一则故事：

一个星期五，波顿去伦敦买东西。他是去买圣诞礼物的，也想为大学的专业课找几本书。那天他是乘早班车去的伦敦，中午刚过不久，要买的东西都买好了。波顿不怎么喜欢呆在伦敦，太嘈杂，交通也太挤，此外，晚上他还有个约会，于是便搭乘出租汽车去火车站。他本来舍不得坐出租车，只是那天想赶 3：30 的火车。不巧碰上交通堵塞，等他到火车站时，那趟车刚开走了。

波顿只好待了一个小时等下趟车。他买了一份《旗帜晚报》，漫步走进车站的候车室。候车室里几乎空无一人，波顿到小卖部要了一杯咖啡和一包饼干——巧克力饼干，他很喜欢这种饼干。

波顿找了一个靠窗的位置安然坐下，坐下来就开始做报上登载的纵横填字游戏，他觉得做这种游戏很有趣。

过了几分钟，一个人走过来坐到波顿的旁边，这个人除了个子很高之外，没有什么特别的地方。他穿一身暗色衣服，带一个公文包。

波顿没说话，继续边喝咖啡边做填字游戏。忽然，波顿发现刚进来的那个人把手伸过来，打开他那包饼干，拿了一块在咖啡里蘸了一下就送进嘴里。波顿简直难以相信自己的眼睛，他吃惊得说不出话来。

不过波顿不想大惊小怪，于是决定不予理会，不就是几块饼干吗？让他吃吧，波顿总是避免惹麻烦，自己也开始吃起饼干，吃一块，喝了一口咖啡，然后继续做填字游戏。

这个人再去拿饼干时，波顿既不抬头也没吱声，他假装对游戏特别感兴趣。过了几分钟波顿不在意地伸出手去，拿起最后一块饼干，忍不住瞥了这人一眼。没想到，那个人也正奇怪地看着波顿。

波顿有点紧张地把饼干放进嘴里，决定离开。正当他准备站起身走开的时候，那个人突然把椅子往后一推，站起来匆匆走了。波顿感到如释重负，准备坐几分钟再走。他从容地喝完咖啡，然后折好报纸站起身来。这时，波顿突然发现，就在桌上原来放报纸的地方，原封不动地摆着他自己的那包饼干。

原来波顿吃的是那个人的饼干！

如果我们都能像故事中的主人公那样能做到“大肚”一些，那就可以消除摩擦与冲突，化解隔阂与嫌隙。

在弥勒佛的寺庙里，我们经常可以见到这副对联。“大肚能容，容天下难容之事；开口便笑，笑世上可笑之人”。这副对联，是讲度量的，说的是做人要有做人的分寸。做人的分寸把握得当，就显得老练、成熟、有修养，否则就显得浅薄和稚嫩。大度是人生不可缺少的高贵品质。“风物长宜放眼量”，心宽眼阔，自然天高路远。广阔的度量，是以高尚无私的思想品德为基础的。要时时处处多想别人，少想自己，生活就变得更加的和谐。

著名童话大师安徒生有一篇童话，叫《老头子做的事总是不会错的》：

有一对清贫的老夫妇住在乡村里。有一天，他们想把家中唯一的一匹马拉到集市上换点更有用的东西。老头子牵着马来到集市上，他先与人换得一头母牛，又用母牛换了一只羊，再用羊换来一只肥鹅，又把鹅换了母鸡，最后用母鸡换了一口袋烂苹果。在每一次交换中，他都想给老伴一个惊喜。

当他扛着大袋子来到一家小酒店歇息时，遇上了两个英国人。闲聊中他谈了自己赶集的经过，两个英国人听后哈哈大笑，说他回去准得挨老婆子一顿胖揍。老头子坚称绝对不会，而且他敢打赌，自己的老太婆会喜笑颜开。两个英国人就用一袋金币和老头打赌，说如果他回家不受老伴任何责怪，金币就归他。于是三人一起来到老头子家中。

老太婆见老头子回来了，非常高兴，跑过来拥抱他。老头子毫不隐瞒，将换东西的过程一一讲来。老太婆兴奋地听着，每听到老头子用一种东西换了另一种东西时，她都充满了对老头子的钦佩，十分激动地予以肯定：

“哦，我们有牛奶喝了！”

“羊奶同样好喝，还可以剪羊毛织羊毛袜子！”

“哦，我们可以在冬至那天吃烤鹅了！”

“哦，我们有鸡蛋吃了，或者养一群小鸡。”

最后，听到老头子背回了一袋子已经开始腐烂的苹果时，她同样不愠不恼，大声说：“我们今晚就可以吃到苹果馅饼了！”

英国人就这样输掉了一袋金币。

童话毕竟是童话，现实生活中谁要是摊上这么一个傻冒儿的老公，不疯掉，也得气个半死。但生气有什么用？你的傻冒儿老公已经把骏马换成了烂苹果，对着一堆烂苹果生气，是丝毫改变不了现实的。最重要的一点，你要明白他是为了给你一个惊喜，尽管这个惊喜实在让你吃惊。他的美好的动机是无价的。全世界所有的骏马也抵不上一颗为你的心。你应该理解，应该重动机，轻结果，然后找个恰当的机会巧妙地告诉老公——下次可别这么干了，我受不了这样的刺激！否则的话，老公给你一个“惊喜”，你却给他一顿臭骂，接下来肯定是一场战争。

不容忽略的是，追根溯源，问题是出在了老头子身上。每个人都应该学会自省，只靠一部分人的宽容，世界是和谐不了的。宽容和忍耐一样，都是有限度的。包括那个说老头子什么都是对的老婆子，她也未必哪里都对。她只是善于从不幸中寻找有幸，善于发现或者说给予别人闪光点而已。让别人都闪光，你的生活就是星光大道，光明无限。相反，看自己像一尊佛，看别人像一坨屎，他的人品和生活状况肯定也是奇臭无比。

宋代大儒苏东坡和佛印和尚是好友。有一次，俩人坐在蒲团上参禅论道，谈古论今。忽然苏东坡心有所感，他问佛印："你看我坐的样子像什么?"

佛印打量了一下苏东坡，说："嗯，很庄严，像一尊佛!"

苏东坡听了很高兴。

佛印也问苏东坡："那你看我坐的样子像什么?"

苏东坡是从来不放过嘲弄佛印的机会的，就哈哈一笑："我看你像一坨屎——牛粪!"

佛印听了居然也很高兴，还称谢不已。

苏东坡更是抑制不住地哈哈大笑。回到家，犹面带笑容，哼哼叽叽。

苏小妹见状问道："哥哥，什么事这么高兴呀?"

"哼，佛印这次总算栽在我手里了!"苏东坡得意地说："我问他我打坐时像什么，他说我宝相庄严，像一尊佛。他又问我他打坐时像什么，我说他像一坨牛粪……"

苏东坡还没说完，苏小妹就叫道："哎呀，哥哥，你这次输得更惨了!"

"为什么?"苏东坡忙问。

苏小妹说："因为内心有什么，外在才看到什么。禅师心中有佛，所以就看你如佛。而你心中不洁，所以才看禅师如同牛粪！”

国学大师季羡林曾经在作品中讨论过类似的问题：“从前在某个大学中有一位年轻的历史教授，自命天才，瞧不起别人，说这个人是狗蛋，那个人是狗蛋。结果是投挑报李，群众联合起来，把狗蛋的尊号恭呈给这个人，他自己成了狗蛋。”

退一步讲，心宽或许未必天地宽，心净也未必世界净，但一个心胸狭隘、心理龌龊的人，世界对他来说绝不会是美好的，因为美好鄙视他，他也不具备美好的资格。我们对世界的态度，也形成了世界对我们的态度。他人的面容永远是我们表情的一面镜子。你和颜悦色，别人就笑语春风，你怒目相向，别人就怨气冲冲。我们想得到世界什么待遇，就以恭敬之心去面对他人。如果想得到别人的尊重，就要以恭敬之心去面对他人。

第二点叫宽则得众，恭敬之心自然会带来宽和的态度，宽可不容易啊，禅诗里有一句话，叫眼内有尘三界窄，心头无事一床宽。眼睛要是被一点尘埃所蒙住，就是给你三界，你都觉得活得很郁闷，但心头要是没事，坐在自家的床上，觉得天宽地阔。宽与窄，跟你现在住的60平方米，还是200平方米，关系不太大，跟你怎么看这个生活，关系很大。

在这个世界上，同样的生活，会有不同的解释。

有一个小镇，德高望重的智者，坐在村口，看见来来往往的人，都在跟他打听，想寻找一个世界上最好的居住地。先过来一个人说，我想问问你们小镇，适不适合我居住？我原来住的那个小镇不好，镇上的人都很自私，狭隘，每一个人都是飞短流长的，他们都不完美，人人都有缺点，我在那里有无数的磕磕碰碰，全都是仇人，我已经住得不耐烦了。所以，我一定要找一个特别美好，人人都是道德君子的地方。老人听了后说，对不起，我们这个镇上住的人，跟你原来住的地方的人一样，请你往前面再去找吧！

第二个人过来说，我也在找一个最好的小镇，因为我原来住的那个小镇特别好，不得已才已搬出来，我十分怀念原来那个镇上的人，温柔、善良、朴实，人际之间很温暖，互相来往，我在那儿人缘一直很好，我就想还找一个那样的地方。

老人跟他说，你算找对了，我们这儿跟你原来的小镇一样，你就住这儿吧！

这个故事说明什么呢？这个老人守着的是同一个镇子，对第一个人说，我们这儿的人全是有毛病的；他却对第二个人说，我们这个镇上的人，就像你期待的那样，全是谦谦君子。

其实，我们每个人身上或多或少，都包含着优与劣的种种特点，看你用什么态度去解释它。一个心宽的人，他看世界一定与众不同。

第4章 退让

忍一时风平浪静，退一步海阔天空。

1. 解开心结

生活中难免会出现一些磕磕碰碰，这时就要学会退让，调节自我的情绪。只有把心中的这个结解开了，才能化解矛盾。

有一个人去看望他的一位朋友。他原本跟这位朋友有过很深的矛盾，因为他刚到一家公司做事时，在一次小小的失误中，被这位担任领导的朋友扣除了20%的工资，还成了“典型人物”，所以他非常气愤，这件事便成了他的一个心结。在以后的工作中，不管他的朋友怎样努力地想解除一切的误会，他都固执地不理睬。但渐渐地，他开始发觉，朋友会在同事生日会上小心翼翼地留一块蛋糕给加班加点的他；在端午节的日子，会为他煞费苦心地包两个粽子；在炎炎夏日，会恰到好处地在他凌乱的办公桌上放几颗鲜嫩的荔枝，为他熬夜悄悄地修改不甚完美的文案。终于，在经过深思熟虑之后，他决定解开心结，于是在一个节假日的午后，他诚恳地跟这位上司说了三个月来的第一句话：谢谢！他看见对方那惊喜的表情，还听见他孩子气十足地叫了一声“万岁”！他笑了，就这样，心结解开了。从此，公司里就多了一对共同奋斗的好兄弟，他从此有了一位挚友。

死结，在细心与努力中，终究会有解开的一天！而解开的那一天，也就是心情轻松愉快的开始。

解开一个心结，人生就走进了另一种世界。时间可以改变一些东西，时间可以让我们忘掉那一时的不快，持续的不爽，时间会给我们时间去解开一些心结。

其实，生命固然需要执著，但执著过了头就是固执。一个固执的人终究会因为太多的固执而失去太多。所以，要有结果才能坚持，固执的人坚持为没有结局、没有收获的故事去努力、去付出，只会让自己的生命多一份遗憾，多一份失落！

解开心结，走出自己封闭的世界，你会感觉自己走进了一片自由的天空。

大千世界，难免会有被人误会的时候，这就要看你能不能解开心中的“结”。很多时候，人心中的结并非解不开，而是不愿意解开而已，到最后，吃亏的还是你自己。

《菜根谭》中讲：“路径窄处留一步，与人行；滋味浓时减三分，让人嗜。此是涉世一极乐法。”可谓深得处世的奥妙。

有这样一个女人，总在喋喋不休地向人们说邻居家的污秽不堪。有一回她故意地将一位朋友领到家里，指着窗外说：“您看那家绳上晾的衣服多脏！”可那位朋友却悄悄地对她说：“如果你看仔细点儿，我想你能弄明白，脏的不是人家的衣服，而是你自家的窗子。”

是啊，我们在同一蓝天下生活，为什么不学着去宽厚待人，而是去轻易地指责呢？即使脏的真是邻居家的衣服，我们为什么不能表示理解和容忍呢？要知道，这样做我们不会吃任何亏。

小杜毕业后初入社会，在某合资公司外贸部就职，不幸碰上一个爱拍马屁、什么本事都没有的主管。此人每天下班后没有什么事儿也要拼命“加班”，无事生非，把白天理好的文件弄得一团糟，转眼出了错，又把责任全部推给小杜。小杜不是一个会“争”的女孩子，只好忍气吞声等日本科长长出“火眼金睛”，结果等了三个月，还是等不来一句公道话。

一气之下，小杜就去了另一家外资公司。在那里，她出色的工作博得了许多同事的称赞，但无论如何也没法使苛刻、暴躁的经理满意。心灰意冷间，她又萌动了跳槽之念，于是向总裁递交了辞呈。总裁先生没有竭力挽留小杜，只是告诉她自己处世多年得出的一条经验：如果你讨厌一个人，那么你就要试着去爱他。总裁说，他就像鸡蛋里挑骨头一般在一位上司身上找优点，结果，他发现了上司的两大优点，而上司也渐渐喜欢上了他。

小杜依旧讨厌她的经理，但已悄悄地收回了辞呈。她说：“现在想开了，作为一个成熟的人应该放开心胸去包容一切、爱一切。换一种思维看人生，你会发现，乐趣比烦恼多。”

其实，许多事情只要卸下思想上的包袱，想通了，就不是什么烦心的事了。只有会解思想上的“结”，人生路上才能走得更轻松，才能得到更多的幸福和快乐。

2. 学会礼让

相信不少人遇到过以下经历：拥挤的公交车上，两个人同时面对着一个空座位；人头攒头的超市里，一群顾客都在焦急地等待着结款；繁忙的大马路上私家车和公交车为先走一步正在较量……种种情况，假如当事人是你，你会怎么做？是捷足先登，还是礼让他人？

相信大家各有各的选择。作为一名普通百姓，每个人都很不容易把机会让给别人，让别人就等于自己要付出代价，何况这种代价有时候还被人误解。但尽管如此，我们还是主张礼让，主张帮助那些需要帮助的人，这样做不是为了得到什么，只求得内心的一个踏实。正如一则公益广告所言：光明多一点，黑暗就少一点。

当下，礼让被有些人忽视，甚至鄙视。在一些人看来，礼让是一种不积极进取，不懂把握机会，缺乏胆魄的懦弱行为。真是这样吗？

恐怕不然。礼让是大家风范，若一个人只懂争强好胜，一点不为他人着想，不给他人一丝机会，这样的竞争意识是不健康的，这样的人也是不可能在人生中笑到最后的。

生活中，为什么要礼让呢？因为人人都有自尊心，人人都有好胜心，你要联络感情，就必须处处照顾对方的自尊心，而要尊重对方的自尊心，那就必须抑制你自己的好胜心，成全对方的好胜心。比如对方与你有同性质的某种特长或爱好，对方与你比赛，你必须善于先让一步，即使对方的技艺敌不过你，你也得先让对方占点上风。当然一味地退让，也许会使对方误认为你的技术不太高明，不是对手，反而让对方觉得你无足轻重。所以，你与他比赛的时候，尽管有谦让，但必须先施展你的相当本领先造成一个均势之局，使对方知道你不是一个弱者，进一步再施小技。把他逼得很紧，使他神情紧张，才知道你是个能手，再进一步，故意留个破绽，让他突围而出，从劣势转为均势，继而从均势转为优势，结果把最后的胜利让于对方，对方得到这个胜利，不但费过许多心力，而且由危而复安，精神一定十分愉快，对你也有敬佩之心。如果互不相让，最后的结局可能是两败俱伤。

有这样一则寓言：

一天，一只狮子和一只老虎在一条只能让一人通过的山路上相遇，下边是绝壁悬崖。这老虎与狮子向来都自说为兽中之王，互不买账的。这会儿狭路相逢，两个你看我，我看你，谁也没有退回去让对方先过去的意思。老虎心想，要是我一让开，这事被其他动物知道了，我这兽中之王不是从此威风扫地了！要是和狮子硬拼，且不说能否胜它没有把握，就是这么陡峭的山路，只要自己一动，落地不稳就意味着自取灭亡……狮子也在想，过去你这老虎总与我争夺兽中王位，我还没好好教训你，今日狭路相逢，我岂能示弱，否则我这百兽之王的名声算是完了。

可怜这两个愚笨的家伙为了争一时之气，互不相让，最后谁也挨不住了，就放手大动干戈。才一个回合，就双双坠入悬崖之中呜呼了！

其实，我们生活中有好多人不也与老虎狮子相仿吗？该忍的不忍，该让的不让。逞一时之英豪，最后累及己身。这则寓言从反面告诉我们，凡事要用理智来指导你的行动，无关紧要处的较量该让的要毫不犹豫地谦让互让，就是一种互尊。互尊就是保持邻里、社会生存环境安静、和谐的心理条件，是一种精神文明。

我们的生活日新月异、变化无穷，竞争也越来越激烈，但我们不要忘记也不要忽视礼让。人生之所以多烦恼，皆因于不肯让他人一步。

其实，这是很愚蠢的作法。

在实际生活中，那些曲解的，不正常的人际处理和交往方式已经让我们难以承受了，大家都想尽快改变这种状态。大家真正希望的就是一种互相之间的信任和支持，与别人建立一种互动和友善的关系。其实，只要我们能够迈出真诚友善的一步，给对方一种真正的爱的感觉，对方肯定就会有所反应，你的身边也会多一些知心人，多一些朋友。

利益的冲突是人们产生矛盾的根源。当我们和别人发生利益冲突的时候，应该多为对方想一想，互相之间都退一步。当我们以德相让、互相礼让的时候，那些可能发生的冲突就会烟消云散，大家也就很乐意跟你合作，事业发展的机会也就更多了。从一定程度上来讲，礼让是一种双赢。我们只有互相都退一步，才有可能让双方的利益都得到保障。只有那些懂得珍惜、懂得礼让的人，才可能真正赢得身边朋友的心，我们人生的道路也会越走越宽。

3. 有退路才有出路

有这么一个寓言：

一个云游僧人准备横穿一片沙漠。他找到附近一位村民，询问沙漠里有没有路标。村民告诉他，数年前，曾经来过一位智者，他让村里人买来很多胡杨树苗，数百米一棵，从沙漠这头一直栽到对面。智者说，如果胡杨树能成活，大家可以以树为路标；如果胡杨树枯死，大家可以以枯树为路标。不过，枯树很容易被流沙淹没，或被狂风刮倒，因此每一位过路的人，要注意把路标拔一拔，插一插。后来，树苗全部枯死了。但大家照着智者的意思办，沿着路标走了很多年，安然无恙。所以村民们叮嘱云游僧人说，你过沙漠的时候，遇到要倒的路标一定要扶正插好，遇到快要淹没的路标一定要拔起插牢。云游僧满口答应，但他并没有照做，他想我反正就走这么一回，我才不管那么多呢！结果等他走到了沙漠中心，又累又困之际，天上突起狂风，飞沙漫天。僧人想往回走，却发现原先的路标都被埋没、被卷走了——他再也走不出沙漠了！

生活中，不乏故事中的僧人。没有退路才有出路——大家都这么说。毫无疑问，这是一种值得肯定的大无畏精神，是一个人，尤其是年轻人面对困难时不可或缺的勇气与决心。历史上，这种精神也着实成就了很多人。“有志者事竟成，破釜沉舟，百二秦关终属楚。”楚霸王项羽能一举击败秦军，就是因为他斩断了自己的退路，逼着自己和手下的将士全力以赴，从而找到了出路、生路、活路。战神韩信也曾有过“背水一战”的大胜。兵家之祖孙武则说：投之亡地然而存，陷之死地而后生。引无数国人竞折腰的象棋，其中的兵或卒一旦过河也不能回头，只能一往无前地拼杀了下去，要么战死沙场，要么九宫擒王。这些都是斩断退路的表现。斩断退路，棋手才能更好地运筹棋局；斩断退路，我们才能更好地规划人生。

人生不能一步三回头，人生必须勇往直前，但人不能做生活的棋子，更不能做历史的炮灰。人的一生就是经历困难与挫折的一生，没有任何人能够逃脱与躲避。逢着顺境和坦途，固然应该快马加鞭，遇到坎坷和障碍，尤其是一些难以逾越的障碍，一味横冲直撞、好勇斗狠未必能解决问题，更不要做无畏的牺牲。前面提到的项羽就是个中典型，明明有机会卷土重来，但却不愿意给自己机会，硬要把自己往绝路上逼，宁死也不做失败者，悲壮倒也悲壮，终究还是个悲剧。

都说“商场如战场”，其实真正高明的商人，从来都不会搞什么置之死地而后生。因为做生意尤其是做大生意，就像攀岩一样，你可以成功一千次，但也许一次的失败就会要你的命。人们总是用“机不可失，失不再来”强调机会的重要性，事实的确如此，但是在正常情况下，很多机会也绝对不会仅仅出现一次。手里有资金，你想投资任何领域都可以。但是没有资金，即使你能发现千载难逢的良机，也只能徒呼奈何。

人们常说，做人做事不能太绝，任何情况下都得给自己留条后路。对于一个商人来说，资金就是最好的后路。资金在手，你随时都能复出商海，笑傲群雄。而没有了资金的商人，虽说不至于末路穷途，但没有资金却想东山再起，其艰难程度可想而知。所以，那些妄想在商战中一脚上岸、一步到位的心态，极不可取。

对年轻人来说，恐怕再没有比创业更令人激动的词汇了。“不成功，则成仁”、“破釜沉舟，背水一战”……这些话似乎都是给决心创业者准备的。创业无退路，的确如此。但创业也不是加入敢死队，不是冒着枪林弹雨往前冲就能成功的。

进和退本是一对反义词，人生有进就应该有退，瞻前顾后、进退两难，实为人生最痛苦的泥沼。因此，当我们实在进不了的时候，不妨暂退一步，或者另寻明路，迂回前进，或者积蓄力量，等待时机，最终解决问题。千万不要和自己过不去，更不要和生活打消耗战，不然打赢了也会得不偿失，打输了则可能再无翻盘的机会。生活本来就很残酷，何必让自己无路可退？

德国哲学家黑格尔曾经说过：“凡一切人世间的事物，财富、荣誉、权利，甚至快乐、痛苦等——皆有其确定的度，超越这度就会招致毁灭。”老子也曾经说过：“金玉满堂，莫之能守。富贵而骄，自遗其咎。功遂身退，天之道也。”所谓物极必反，无论做什么，都要要适可而止，见好就收。一个人如果不知进退，那么烦恼和忧患始终会如影随形。

据说，最初的汽车是没有倒挡的。可以想像，这样一辆汽车如果开进了一条又深又窄的小巷子，恐怕只能熄掉火推着出来。我们的人生也如此，钻进了小胡同，就应该及时挂好倒挡，这时看似是退路，实为出路，而且是惟一的出路。否则，那就不是钻胡同，而是钻牛角尖了。而钻胡同与牛角尖的区别，也仅仅是前者浪费的是汽油而后者浪费的是精力和时间而已。

一个成熟的人，不仅要懂得给自己留退路，还会懂得给别人留退路。有时候，别人的退路虽未必是你的出路，但至少不会让你走上险路。现代潮人们说：“人在江湖漂，哪能不挨刀”，人生免不了碰上不合作、甚至跟我们直接对着干的人。这时，只要不是大是大非的问题，根本没必要逼人太甚。俗话说：“兔子急了也咬人”，你把人逼得没有丝毫退路，对方除了奋力反击之外还能有什么选择？

第5章

吃亏

吃亏既是一种境界，又是一种自律和大度，更是一种人格上的升华。

1. 受点委屈

世界上许多在事业上非常成功的犹太籍、日籍的企业家、金融巨头将“忍”奉为修身立本的真经，均在家中、办公室里悬挂巨大的忍字条幅……可以毫不夸张地说，忍学是世界上成功的企业家、政治家、军事家、外交家、科学家的必修之课。

为什么如此提倡“忍”呢？因为，生活中如果我们只做高兴、喜欢的事，是很容易的。但是要全神贯注地去做一些不快的、讨厌的，为我们的内心所反对的，但我们又不得不去做的事，却是需要勇气、需要耐性的。

梁文是负责一个项目的组长。他的助手阿强似乎对他颇有意见，但是对于问题的起因，梁文并不是很清楚。阿强的职责是帮助梁文协调会议和培训安排。可是梁文要阿强准备好发言材料时，阿强的态度却不大好。

在开会的时候，阿强也不配合，总是暗指梁文的工作能力不强，当梁文问他一个数据时。他说："我已经给你提过几次了，难道你都不记得了吗?"这样的情形出现几次后，他俩的冲突终于爆发了。

小组里另一位同事因病不能上班。他的工作必须由梁文分给别的同事，同事平时负责的那部分职责是由阿强安排的，梁文希望阿强告诉他一下，可阿强却没好气地说："哦，难道你没有参加会议吗?"

事到如今，两人的矛盾已经公开了，如果不解决这个问题以后相处都有麻烦。梁文和阿强还要继续合作下去，可是要解决矛盾也不是一件容易的事。直接找他？阿强好似已对梁文有了戒心，效果一定不会很好。或者继续装聋作哑，希望事态能够好转，还是私下里和阿强对着干，还利用一些机会给他穿小鞋?

这几种方法都不是最好的，毕竟面对的是隐蔽、间接的行为，就像是在播放的收音机里发出的静电噪音一样。随着音量的增大，它很可能会引起人们的注意，如果你不采取行动，噪音就会越来越大。更糟糕的是，如果这种关系进一步恶化，危害将波及所有的同事。

梁文选择了一种解决方法，那就是先装作没事的样子，但是私下里找另一位同事帮忙。李刚和他俩的关系都不错，由他出面，是比较合适的，起码阿强不会对李刚抵触。经过侧面了解，原来梁文经常在阿强面前发一些无心的评论，有时不小心就伤了阿强，可阿强又是个敏感的人，虽然他不明说，但心里一直是有疙瘩的。好在李刚成了他们的中间人，之后梁文对症下药改善了与阿强的关系。要是当时他直接和阿强吵起来的话，估计对谁都不好，现在有了中间人协调，总算处理得不错，阿强也不再对梁文生气，毕竟还是要工作。

当工作场所出现类似不和谐的音符时，最好在事态恶化之前予以化解。同时。考虑一下，如果亲力亲为效果不好的话，能让外人帮忙也不错。千万不要一味强调自己的感受，有些时候受点委屈也不是什么大不了的事。毕竟同事相处的时间是很长的，为了有个好的工作环境做点儿牺牲也是可以容忍的。

受点委屈，没什么大不了。遇到委屈时，要多宽容，设身处地多为别人着想，不可斤斤计较。人与人交往，难免有个言差语错或你长我短的，要是动不动就借题发挥、闹矛盾、扩大事端，就很容易破坏彼此的人际关系。有的人肚量小、心眼窄，对人不记大德，专记小怨，不管别人对他怎么好，都不大记在心上，而一旦得罪了或无意冒犯了他，便耿耿于怀。或者当面顶撞，或者过后算账，不肯善罢甘休。有的人不能受一点委屈，稍受点委屈就咽不下去，非要雪耻不可，这样针尖对麦芒，谁还敢与你交往，与你为友。

生活中，有很多让人无奈的事，受到委屈在所难免。如果一个人不学会宽容，那他就会陷入无穷无尽的烦恼之中，永无解脱之期。古文里有一段很有名的对话。寒山子问拾得：“世间有人谤我、欺我、辱我、笑我、轻我、贱我，如何处之乎?”拾得笑曰：“只要忍他、让他、避他、由他、耐他、敬他、不要理他，再过几年，你且看他。”

人生一世，没有什么是不可以原谅的。让我们在生活中学会宽容，当受到委屈时，不要总给自己“被迫害”的暗示，要用积极的心态来面对：别人态度不好，也许是对事不对人，或者是他有什么烦恼，无意中态度不好了。用理解、宽容的心态来对待，自己也会轻松很多。

2. 吃亏是福

在人生的选择过程中，我们总会面对自己可能损失的利益。如果我们懂得“吃亏”的处世之道，就不会因为个人利益的得失而烦恼和犹豫。在适当的时候我们要让出自己的一分权利和利益，这种放弃、给予、“吃小亏”，往往是为了达到某一个更高的目标。

晓琳刚从学校毕业后就进入出版社做编辑。刚进单位时，因为是新人，所以经常受别人的指派。有时候会被派到发行部帮忙，有时候又会被派到业务部帮忙，晓琳刚开始心里也很委屈，认为自己是一个编辑，为何天天像个苦力一样干这种粗活儿，但是她又无可奈何。

她在发行部帮忙包书、送书；到业务部，又参与各种直销工作，甚至连取稿、跑印刷厂、邮寄等本不属于她分内的工作，都有人让她去做。后来，渐渐地，晓琳摸清了出版社的整个业务的流程，各种工作都得心应手。

两年过后。她凭借自己各方面的实力，成为出版公司的业务精英，薪水也上升了好几倍，没想到当时吃的“亏”竟让自己占到大便宜了。

这位编辑表面上看似吃了“亏”，实则是占到了大便宜。所以，在生活中，当我们因为吃亏而心生怨恨或烦恼时，一定要及时改变想法，将吃亏当做一种机会，将它看成一种快乐的事情，最终你会得到意想不到的收获。

在很小的时候，家长就告诉我们不要占别人的便宜，但也不要吃亏，否则，会被别人看成是“傻子”，其实，长大后才明白，事实并非如此，吃亏反而会得到意外的惊喜。

从客观的角度说，一个人只要愿意吃小亏，日后必有大“便宜”可得，也必成“正果”。那种事事要占便宜不愿吃亏的人，只会使自己的路越走越窄，也很难有大便宜到手。这也是被许多历史经验和先人后事所证明了的。

东汉时期，有一个名叫甄宇的在朝官吏，时任当时的太学博士。他为人极为忠厚老实，遇事也很懂得谦让。他每天都乐呵呵的，官吏都愿意与其接近。

有一次，皇上将一群外番进贡的活羊赐给了在朝的官吏，要他们每人领一只回家。

在分配活羊时，负责分配的官吏犯了愁：这群羊大小不等，肥瘦不均，如何分才让群臣们没有异议呢？

皇上让大臣们献计献策，这些羊到底如何分才算合理。

有的大臣说：“可以将羊全部都杀掉，然后肥瘦搭配，人均一份。”也有人说：“干脆大家抓阄，抓到哪只是哪只，全凭个人运气。”

就在大家七嘴八舌争论不休之时，甄宇站了出来，说：“分只羊不是极简单的事情吗，依我看，大家随便牵一只不就可以了吗？”说着，自己便从中牵走了最瘦小的一只。

看到甄宇这样做，其他人也不太好意思牵最肥壮的，于是，大家都挑最小的羊开始牵。很快，羊被分完了，大家都没有任何怨言。

皇上看到甄宇如此大度，就当即赐予他“瘦羊博士”的美誉。不久后，在群臣的共同推举下，甄宇又做了太学博士院的最高官员。

从表面来看，甄宇牵走了那只瘦小的羊是吃了亏，但是，他得到了皇上的器重和群臣的拥戴，实则是占到了大便宜，正所谓“吃亏是福”。一些聪明的人遇到事情是不会去斤斤计较的，而是能够成功地运用吃亏的智慧，得到更多的“福分”。

3. 利益的背后

谈起利益，首先让我们读一则故事：

孙叔敖是春秋时期楚国的宰相，他做了数十年的一把手，勤勉有加，政绩赫然。楚王多次要封赏他，都被他婉拒。后来，孙叔敖老了，病了，他自知性命不久，便把儿子叫到跟前说："楚王屡次要分封给我一块儿土地，我都没接受。我死之后楚王必定会分封于你，你记住一定不要接受富庶的土地！楚、越之间有个叫寝丘的地方，那里土地贫瘠，你可以要求被封在那里。"

不久，孙叔敖撒手西去，楚王果然要分封给其子一块富庶的土地，他的儿子推辞之余，顺利地得到了寝丘这个地方。直到汉代，这块土地还被孙叔敖的后代所拥有。

孙叔敖之所以不让儿子要富庶的土地，就在于他知道，利益的背后是利刃，利益越大，追逐的人就越多，嫉妒的人就越多，最终拥有利益者便会成为众矢之的，从而带来灾祸。而相对贫瘠的土地，人们会不屑一顾，反倒可以保全。

人首先是消费者，其次才是创造者。人若想活下去，首先就得追求利益。所以，追求利益并没有错，也并非所有的利益背后都有利刃，只有那些不谙利益之道的人，才会自己往刀口上送。

比如人们常说，"人在江湖漂，谁能不挨刀"。大家为什么会挨刀呢？或者说，原本很文明的大家为什么会动刀子呢？答案是利益。那么，能不能不挨刀又取到利益呢？

能。老子在《道德经》中说："天之道，不争而善胜，不言而善应，不召而自来……”大意是：老天从来不争夺、争斗，却总是胜利；有能力的不说太多的话，却总是有人响应；他们不用召唤，人们就自动聚拢在他身边……老子还说：“夫唯不争，故天下莫能与之争”，简单来说就是只有不与人争，天下才没有人能够与你争。许多人往往从字面上去理解这句话，觉得老子的思想太消极：不跟人争却可以天下无敌，怎么可能呢？再说了，让我放弃争取，我怎么生存、发展？其实不是老子消极，而是老子喜欢和后人捉迷藏，玩文字游戏，他所说的“不争”，绝不是什么都不争取，而是一种有选择的争取，也即在“有所必争”的前提下“有所不争”。所谓有所不争，当然是指那些闲气，那些细枝末节，那些我们本就不应该争的东西；而有所必争，就是说我们要学会跳出圈外，尽量找一些竞争对手较少的领域去发展。有人的地方就有江湖，但人少的地方肯定比人满为患的地方少些是非，少些恩怨。

当然，不与人争也不见得能躲过所有烦恼。有些祸是自己惹上身的，有些祸则是自己找上门来的。这种时候，人就要学会避祸，必要时还要放弃某些利益。俗话说：穷帮穷，财气雄；富斗富，没房住。争来斗去、两败俱伤的事，历来都不是智者所为。

古人云：君子不挡人财路。所谓挡人财路，无非就是阻挡别人赚钱、获取利益。这是最容易得罪人的事情，以至于很多人把对方都得罪了还不知道怎么得罪的对方。其实这些人也不是真的不明白，很多人根本就是揣着明白装糊涂。利益就那么多，你拿多了，对方自然就拿少了；你全拿了，对方自然就没有了。这就不止是挡人财路，而是抢人饭碗。对方为了保障自己的利益，自然会想方设法去夺取自己的利益。不管对方能不能夺回去，对你怀恨在心是铁定的，他年他月逮到机会便挡你财路，甚至当即反扑或者日后报复你也是可以想见的。

对于那些即得利益者来说，利益本身就是利刃，所以古往今来的有识之士首忌贪恋利益。但世界上的事情偏偏这么奇怪——你越是看中利益，利益就越是不看重你。而那些不拿利益当回事的人，利益反倒往往会自己送上门去。佛教诸神中有个散财童子，走到哪里都大把散钱，遇到他就相当于迎来了生命中最伟大的福音，但我们知道，散财童子从来不会缺钱。生活中，尤其是生意场上也是如此，究其原因就在于人们都喜欢跟热情豪爽、开朗大方的人交往，跟他们合作，最起码不会吃亏。有人的地方就有江湖，但有人的地方也有利益。天下的坏事，大多是由于舍不得利益引起的；天下的好事，又大多是因为舍得利益而促成的。对于那些懂得利益也舍得利益的人来说，利益背后非但不是利刃，还是掌声、友谊和更大的利益。

李嘉诚说过："人要去求生意，生意就难做；生意跑来找你，你就容易做。那如何才能让生意来找你？那就要靠朋友。如何结交朋友？那就要善待他人，充分考虑到对方的利益。如果一单生意只有自己赚，而对方一点不赚，这样的生意绝对不能干。重要的是首先得顾及对方的利益，不可为自己斤斤计较。对方无利，自己就无利。要舍得让利，使对方得利。这样，最终会为自己带来较大的利益。钱大家赚，利润大家分享，这样才有人愿意合作。假如自己拿10%的股份是公正的，那么拿11%也可以，但是如果自己只拿9%的股份，就会财源滚滚来。"

最后要说的是，防人之心不可无。世上大多数坏人都是披着真善美的外衣出现在当事人面前的，有些人伪装得并不高明，但却屡屡得手，其中很普遍的原因就是人们爱贪便宜，在利益面前抵挡不住诱惑，被当事人抛出的利益晃花了眼，从而分辨不出面前究竟是祸是福，是鱼饵是鱼钩。结果看似收下了鲜鱼，实则吞下了鱼饵！所以，人一定要擦亮眼睛，守住自己的阵脚，也守住自己的心。那样的话，管它真利益、假利益，又能奈你何？

第 6 章

糊 涂

清醒的人看得太真切，一较真，生活中便烦恼遍地；而糊涂的人，计较得少，虽然活得简单粗糙，却过得轻松而又开心。

1. 糊里糊涂

随着年龄的增长，经历增多，你会越来越发现，这个社会不能让人理解之处竟然也有这么多：很多事不知道比知道的好，不灵通比灵通的要好，不精明的比精明的要好。于是，便学会了浊眼看世界，难得糊涂。许多事情，该糊涂时就别让自己太清醒，不糊涂也要让自己装装糊涂。因为，太清醒了，就很难保持一颗如水的静心，可能所有的快乐和幸福也就跟着烟消云散了。

在美国，有两家同样大小的公司，它们的总裁一个叫罗伯特，一个叫史蒂夫。罗伯特是一位精于算计的人，凡事都比别人看得长远。因为他早就预测到了 2008 年美国的金融危机，所以他决定将公司解散，还能给自己和员工们留一些生活费，不然到时肯定会负债累累。因为他分析到，在2008年，美国有30%的公司要倒闭，像他现在这样的小公司，肯定在那之中。

史蒂夫不但不是一个善于算计的人，甚至还给人一种愚笨的感觉。他憨憨地认为，未来永远是无法预测的，就算你将世界上最完美的计划放在他的面前，他也不会相信，因为未来还没有真正到来。他觉得自己的公司只要能够生存一天，他就一定要让它支撑下去。结果，他的公司竟然奇迹般地度过了这场席卷全球的金融危机。最终，会算计的人将公司解散了，而不会算计的人，却将公司比以前办得更红火了。

由此可见，浊眼看世界，难得糊涂未尝不是好事。自清朝文坛奇人郑板桥写下“难得糊涂”这一千古不朽的慧语之后，“难得糊涂”便成了许多人的人生箴言、座右铭和行动指南。

历史发展到今天，呈现出纷繁复杂、变幻万千的万花筒般的景象，在这光怪陆离的大千世界里，很多人处在事业未竟的悲哀、爱情失败的痛苦、人际关系复杂的苦恼与管理头绪的混乱之中。世界虽未走到尽头，但失望、沮丧的情绪却笼罩在这个纷乱的世界中，于是乎，“难得糊涂”的书法作品四海泛滥，糊涂的学问五州尊奉。然而对于糊涂学这一古老命题的阐释，正可谓“百家争鸣、各有千秋。”

其实，糊涂学并非神秘而又高深莫测的学问。可以说，它是人生当中随处可见的学问，回望我们祖先所创造的灿烂的传统文化，他们早已为我们解决了这个困惑，并提供了各有侧重而又相互贯通的答案。

儒家说：“限我”是糊涂。

道家说：“无我”是糊涂。

佛家说：“忘我”是糊涂。

兵家说：“胜我”是糊涂。

每个人对于糊涂，都有不同的理解，所以每个人也会悟到不同的真谛。糊涂是一种淡定的心态，一种做人的智慧。世上许多事，没有必要搞得那么清楚，得过且过，偶尔糊涂一次又有什么大碍呢？

世事风云变幻莫测，该聪明时得聪明，该糊涂时得糊涂。该聪明时犯糊涂，就会失去机遇；该糊涂时却聪明，就会引火烧身。做人者，聪明不如糊涂，守拙若愚，看似很木讷，实则胜过所有的聪明之举。

然而让精明的人糊涂，可不是一件容易的事情，除非他经历了很多人和事，受过很多的挫折和磨难，否则他是不会糊涂的。郑板桥不是已经说过了吗？聪明难，糊涂难，由聪明而转入糊涂更难。也只有进到这一境界，才能明白人生是怎么一回事。

2. 大智若愚

如果一个人不懂得“藏巧”，不知道将自己的聪明隐藏起来，一定会遭到别人的嫉恨和非议，遭受那些嫉贤妒能之辈的暗算。历史与现实中那些深得不露锋芒之道者，每每以喜怒不形于色、寡言少语、平和恬淡的神态和决不哗众取宠的态度来投入生活，做到为人周到、处事练达。

明朝吕坤在《呻吟语》中说：精明也要十分，只须藏在浑厚里作用。古今得祸，精明十居其九，未有浑厚而得祸者。今之人惟恐不精明，乃所以为愚也。意思是精明的人要十分精明才算是精明到家，其实只要把它隐含在浑厚中应用就可行。古往今来许多人遭受灾祸，精明人十个里便占了九个，还没有听说因为淳朴厚道而遭遇灾祸的。

做人不可显得太聪明，不能“太露锋芒”。当然不要显得聪明，不露锋芒，不是要人销蚀自己的才智，改变自己的操行，而是指人应该隐藏锋芒，不要恃才恃财恃权而咄咄逼人，从而使个人更容易被注重秩序与习俗的社会所接受，以免受到背后暗箭的伤害，以免引致那些无谓的烦恼与挫折。事实上，这是一项强化自己的学识、才能和修养的过程，对于培养自己处理好各种人际关系的能力与技巧是有好处的，也是放弃个人虚荣心而踏实走上人生旅程的表现。

在中国，“难得糊涂”历来被推崇为高明的处世之道。其实“糊涂”是一种表面现象，一种伪装，使别人无法“看破”的伪装，才显现出为人处世的高明之处。而正是这些“伪装”让别人忽略了你的力量，便不会与你为敌，你就会少了些麻烦，要知道这类麻烦往往会毁掉一个人的。那些最聪明的人，真正有本事的人，虽然有才华学识，但从不自作聪明，虽然能言善辩，但好像不会讲话一样。这种人懂得藏巧，自会让人看不破。“外乱内整，内精外钝”是兵法的韬略，又是人生的大谋略。收敛自己的智慧，一副浑浑噩噩的样子，让人“看不破”，这正是聪明的表现。

装糊涂，让人觉得你无能，让人忽略你的存在，在必要时不动声色，先发制人，让人失败了还不知是怎么回事，这是兵家的计谋，也是处世的方略。但是，要让人“看不破”，说起来容易，要付诸实践却并非易事，因为再狡猾的狐狸也有露出尾巴的时候，因此，如何收好自己的“尾巴”就显得尤为重要。所谓“处事不惊，必凌于事情之上；达观权变，当安守于糊涂之中。”一时让人看不破需要藏巧于拙，让人永远看不破，就应该时刻检点自己的破绽。

让人捉摸不透的关键在于“藏巧”，将自己的智慧藏起来，大智若愚，才能让人放弃对你的戒备心理。老子告诫世人：“不自见，故明；不自是，故彰；不自伐，故有功；不自矜，故长。”这句话的大意是，一个人不自我表现反而显得与众不同，一个不自以为是的人会超出众人，一个不自夸的人会赢得成功；一个不自负的人会不断进步。老子还告诫世人："企者不立，跨者不行。自见者不明，自足者不彰，自伐者无功，自夸者无长。"而如果一个人不懂得"藏巧"，不知道将自己的聪明隐藏起来，一定会遭到别人的嫉恨和非议，遭受那些嫉贤妒能之辈的暗算。当然，让人看不破不是让你故弄玄虚、装神弄鬼，矫揉造作的动作反倒会招惹是非，一旦被人看破你是在做戏，就会让人徒然生出厌恶，此时再做什么弥补，都会让人觉得你是一个虚伪的人。

历史与现实中那些深得不露锋芒之道者，每每以喜怒不形于色、寡言少语、平和恬淡的神态和决不哗众取宠的态度来投入生活，做到为人周到、处事练达。在这方面，初涉人世者不妨多动脑、多用眼睛和耳朵，少用嘴巴，从避免与人争强好胜、斤斤计较做起，从而开始踏上了智慧的人生道路。

3. 慧极必伤

先读一则这样的故事：

古时候有个叫皮子玉的人，他所在的城市外面有一处愚泉，谁喝了泉水就会变成傻子。皮子玉想，如果我悄悄把愚泉引入城里的河水中，大家都成了傻子，我岂不就成了这座城的城主了吗？当天晚上他就偷偷地将愚泉引入城里的河中，自己则悄悄挖了一口井喝水。几天后，城里人果然全都变成了傻子，大家争着把自己的财宝田产送给别人，但其他人也都成了傻子，所以没有人接受，只有皮子玉来者不拒，照单全收，这样没过多久，全城的财物就尽归其一人门下。但是还没等皮子玉来得及高兴，城里人却纳闷了：珠宝、田产这些破玩意，粪土不如，大家都弃之不要，皮子玉却当成宝贝，不是蠢人是什么？所有人都这么聪明，却让他这么一颗老鼠屎坏了一锅好汤，还是把他赶走的好。于是，城里所有的傻子都操着棍棒，把皮子玉赶出了城外。皮子玉走投无路，也受不了一夜之间从大富翁到赤贫的落差，最终投河而死。

故事中的皮子玉无疑只是一个虚构的人物，现实生活中却不乏类似的人，张子玉、李子玉、牛子玉……那所谓的愚泉不在城外，而在他们心中。对于世上大多数人来说，大家并无聪明愚笨之分，只是有些人会算账、有些人不会算账而已。

会算账的人，算大账，他们眼光长远，不盯蝇头小利，不为芝麻小事斤斤计较；不会算账的人，算小账，他们鼠目寸光，不肯吃丁点儿亏，占一分钱的便宜也会心花怒放，一丝一毫也值得他们费尽心思、前仆后继。

古人云：难得糊涂，慧极必伤。《三国演义》中杨修的死就给了我们很多的教训。

操屯兵日久，欲要进兵，又被马超拒守；欲收兵回，又恐被蜀兵耻笑。心里犹豫不决。适庖官进鸡汤。操见碗中有鸡肋，因而有感于怀。正沉吟间，夏侯惇入帐，禀请夜间口号。操随口曰："鸡肋！鸡肋！"传令众官，都称"鸡肋"。助军主簿杨修，见传"鸡肋"二字，便教随行军士，各收拾行装，准备归程。有人报知夏侯惇。惇大惊，遂请杨修至帐中问曰："公何收拾行装?"修曰："以今夜号令，便知魏王不日将退兵归也。鸡肋者，食之无肉，弃之有味。今进不能胜，退恐人笑，在此无益，不如早归。来日魏王必班师矣。故先收拾行装，免得临行慌乱。"夏侯惇曰："公真知王。魏王肺腑也！"遂亦收拾行装。于是寨中诸将，无不准备归计。当夜曹操心乱，不能稳睡，遂手提钢斧，绕寨私行。只见夏侯“序寨内军士，各准备行装”。

操大惊。急回帐召惇问其故。曰：“主簿杨德祖先知大王欲归之意。”操唤杨修问之，修以鸡肋之意对。操大怒曰：“汝怎敢造言，乱我军心！”喝刀斧手推出斩之，将首级号令于辕门外。

杨修“笔下龙蛇走，胸中锦绣成。开谈惊四座，捷对冠群英”。由此我们可看出杨修是三国时期一个少有的人才，但也正是由于他的才华给自己招来了杀身之祸。在曹操收兵斜谷界口的时候，进和退都犹豫不决之时。曹操以“鸡肋”为夜间口令，杨修从这个口令中看出曹操有退兵的意思，于是就吩咐手下收拾行装。杨修的这一举动使得整个的曹营军士人人欲归，顿时乱作了一团。本来曹操就有杀杨修之意，于是趁机以扰乱军心为由杀死了杨修。其实杨修的死，是另有原因的，所谓“身死因才误，非关欲退兵。”

做人要聪明，但关键时刻也要会装傻。能聪明做人是再好不过的事了，其实有时候糊涂一点，要比耍小聪明好得多。三国时的杨修够聪明了吧，可他就是喜欢接领导的话茬，领导的隐私也被他猜透，所以曹操很恼火，在“鸡肋事件”中把他给杀了。

做人不要恃才自傲，不知饶人。如果锋芒太露很容易遭到嫉恨，更容易树敌。功高震主不知给多少臣子招致杀身之祸。适时地“装装傻”，既有效地保护了自我，又能去从容地观察形势动态。

第 7 章 虚 怀

在批评中成长，在谦虚中升华，在包容中走向成熟。

1. 谦虚是成功的元素

做人不能“自居为大”，正是由于其“不自居为大，所以它才是真正的至大”。而要避免“自居为大”，就必须正确对待自己，正确对待他人，多看自己的不足，多看他人长处，也就是要谦虚做人。

一时的成绩不代表永久，也不代表你就比别人高一筹。成绩是自己的，如果一味张扬、炫耀只会带来负面效应。

中国人受传统文化影响深厚。“谦虚使人进步，骄傲使人落后。”……这样的格言、警句多如牛毛。它们说得都是对待荣誉的看法，在荣誉面前保持平和，才会有更大的进步，也不会影响到别人，特别是没有成就的人的感情。

不仅中国如此，国外也一样。美国科学家富兰克林说过：“缺少谦虚就是缺少见识。”英国哲学家斯宾塞认为：“成功的第一个条件是真正的虚心，对自己的一切敝帚自珍的成见，只要看出与真理冲突，都愿意放弃。”法国思想家孟德斯鸠说：“我从不歌颂自己，我有财产、有家世，我花钱慷慨，朋友们说我风趣，可是我绝口不提这些。固然我有某些优点，而我自己最重视的优点，即是我谦虚……”可见，谦虚是我们人类共同珍视的美德。

爱因斯坦由于创立了“相对论”而声名大震。据说，有一次，他9岁的小儿子问他：“爸爸，你怎么变得那么出名？你到底做了什么呀！”爱因斯坦说：“当一只瞎眼甲虫在一根弯曲的树枝上爬行的时候，它看不见树枝是弯的。我碰巧看出了那甲虫所没有看出的事情。”

谦虚是成功的要素，谦逊与内心的平静是紧密相连的。内心的平静是做人的一种高度的智慧。我们越不在众人面前显示自己，就越容易获得内心的宁静，这样，就容易引起别人的认同，得到别人的支持。

显示自己是一个危险的、十分可怕的陷阱，而且，这个陷阱是我们自己亲手挖掘的。它会使你把大量精力放在显示成果、自吹自擂或试图让他人信服你的个人价值方面。而夸夸其谈、自吹自擂通常会使你骄傲自满，把荣誉当做自我欣赏的装饰品，冲淡你的成就，甚至会走入歧途的境地。

孙膑与庞涓故事就能给我们后人许多的启示：

孙膑和庞涓师出同门，而庞涓知道孙膑比自己有军事才能，对自己不利，就在背地里挑动魏惠王，让魏惠王起了孙膑背叛魏国、私通齐国的疑心，庞涓为了得到孙膑祖宗孙武的十三篇失传的兵法，才没有杀死他，但是残忍地在孙膑的脸上刺了字，两块膝盖也被剜去，只能爬行。

孙膑在禽滑厘的帮助下来到了齐国，并得到了齐王的重用。齐威王两次拜孙膑为军师出征。一次是公元前354年“围魏救赵”一役大败庞涓；公元前341年，孙膑设下计策，他故意天天减少炉灶的数目，引诱庞涓追上来。他算准魏兵在这时辰到达马陵，预先埋伏着一批弓箭手，并在树上写下“庞涓死于此树下”的戏语，吩咐他们只等树下有火光，就一齐放箭。庞涓走投无路，只得拔剑自杀。

故事告诫我们妒忌之心是害人又害己的毒药。我们要远离妒嫉，要学会谦虚，无论在职场，还是商场、官场，还是为人处世方面，要发扬谦逊的态度，对优秀的，或有才华的人要尊敬，要谦虚向人家学习，而不是忌恨人家、远离人家。这样对我们自身的成长是不利的，只有敞开胸怀与人家靠近，向人家请教，才能有进步，才能慢慢地修炼成完美之人。

其实，自傲也是缺乏智慧的一种表现。一个人如果稍稍有一点可怜的成就，耳朵就不灵光了，眼睛也花了，路也不会走了，因为他开始自我膨胀、发烧了。自以为写了两篇文章就成了作家，演了两部电影就成了电影明星，唱了两首歌就成了歌星……

一个人的成就再伟大，也只是相对于个人而言。在我们所生存的这个宇宙之中，没有什么不是渺小的。如果你在某一方面取得了一定的成绩，你不应该过于看重它，因为它已成为你的历史。不要留恋你的影子——哪怕它很辉煌，它毕竟只是虚无缥缈的影子而已。要知道，当你望着你的影子依依不舍的时候，你正好背离着照亮你的太阳。

或许，你所自鸣得意的事，正好是受人奚落的短处，就好像口袋里装着一瓶麝香的人，不会到十字街头去叫嚷让所有的人都知道自己口袋里的东西，因为他身后飘出的香味已说明了一切。

有一位朋友对谦逊曾经有过深刻的体验。在被提职后的几天里，他与朋友聚了一次。朋友们都不知他被提升的消息，他很想把这个好消息告诉大家。而且，他与另一个朋友都是被提升的候选人。同为候选人，他和这个朋友之间当然有些竞争，现在的结果是他得到了提升，所以他极想向大家宣称自己被提升而那位朋友没有。可话到嘴边，他隐隐觉得有个声音在说："不，千万别说！"于是他只淡淡地笑了一下，只告诉大家自己被提职，没有提及另一个朋友未被提升之事。因为他明白，这事不用说大家也知道，说出来反而影响自己的形象，伤害朋友的感情，自己在心里庆祝一下又何妨呢？

真正优秀的人他们往往有极高的素养，甚至是虚怀若谷，他们都有一个能包容一切的胸怀，所以说，他们绝不会滥用自己的优点和荣誉的，他不会等待着去享受荣誉，而是继续努力去做那些需要做的事。正如俄国科学家巴甫洛夫所谆谆告诫的："绝不要陷于骄傲。因为一骄傲，你就会在应该同意的场合固执起来；因为一骄傲，你就会拒绝别人的忠告和友谊的帮助；因为一骄傲，你就会丧失客观方面的准绳。"

况且，让事情更糟的是，你在得意时越夸耀自己，别人越回避你，越是自夸你越会有更多的人会怨恨你。同时，骄傲的人必然妒忌，他喜欢见那些依附他的人或谄媚他的人，他对于那以德性受人称赞的人会心怀嫉恨，结果，他就会失去内心的宁静，以至于由一个愚人变成一个狂人。

然而，具有讽刺意味的是，与此情况刚好相反，你越少刻意寻求赞同、越少刻意炫耀自己，你越会获得更多的赞同和欣赏。要知道，在日常生活中，人们更留心那些内向、自信、不随时随地表现自己的正确与成绩的人。大部分人都喜欢那些不自夸的、谦逊的人，他们总把自己藏在内心，而不是表现为自我主义。

谦虚做人，还必须凡事都做到心中有数，自己有本事要在最恰当的时候拿出来，即使成功也不骄傲。因为你不被重视，你不显山露水，那么你做什么事情都会很顺利，经过一段时期的积累，独立、坦然、自律，也就很容易走向成功之路。而成功后更要保持谦虚，只有这样你才能有更大的成功。

从做事的角度来看，一个人只有具备谦虚的心态，才能谨慎处理各种问题，这样就能避免因为疏忽大意产生严重的后果。

正所谓“自谦则人愈服，自夸则人必疑”。现代社会里，人们有了更多实现自我价值的通道，也取得了许多骄人的业绩，然而维持谦虚的姿态不仅没有过时，反而显得更有必要。

2. 包容乃大

包容能为我们创造宽松的生活空间；是消除人际间紧张关系的缓冲剂；让我们在日常生活中多一分快乐与平静。在职场上，作为一个优秀的经营者一定要善于容纳人才的优点、缺点、长处、短处及其过错的包容，为己所用，这才是一个企业的制胜之道。

闻名世界的麦当劳是一个真正的人才大熔炉。麦当劳的员工都有着各自不同的背景和特点。他们当中，有在纽约市当过警察的邓纳姆，有大学教授特雷斯曼，法官史密斯，西罗克曼曾是个银行家，凯茨是一名犹太传教士，舒帕克原先是美国共产党员，科恩布科斯从事过服装销售业，瓦卢左博士做过牙医；他们中还有军官、篮球明星、足球运动员等等。

麦当劳的人才来自于你能够想像到的任何一个职业。他们当中有许多脾气古怪的人，但麦当劳都能够容忍他们，并给他们很大的自由度，让他们发挥自己的专长。麦当劳虽然要求作业程序必须统一，但并不以高压政策管理员工，麦当劳的员工都对工作充满兴趣，他们的工作表现都能够得到公司充分的尊重。

克罗克的用人哲学是：只要是人才，能够为公司带来效益，那么企业就能够容纳他。克罗克举止高贵，谈吐优雅，讨厌衣装不整、举止散乱的人。但是只要这样的人能够对麦当劳做出贡献，他就能够忍受他们的怪异甚至给他们以很高的授权。克罗克讨厌长头发，但能够提拔披着长发的克莱思出任广告经理，因为他是设计出麦当劳叔叔的功臣。克罗克也看不惯别人上班时衣装不整齐，但对任董事长的透纳脱掉外套，卷起袖子办公的样子则视而不见。

在大部分连锁事业的发展中，为了扩大公司规模，提拔的管理人员多半为业务型的人才。但是，麦当劳公司有营运、策划、财务、不动产、器材、建筑设计、食物采购、广告等各种各样的人才，从而建立一个健全、平衡的组织，使事业更好的向前发展。

麦当劳的发展壮大，充分说明了广纳贤才，以人为本在现代企业中的重要作用。而这也正是“有容乃大，豁达多成”的明证。

包容是对他人长处、短处和过错的一种容纳。包容能得人心、团结人、纳众谋，以成其强大，对创造企业和谐的工作环境，十分有益。

包布·胡佛是一位著名的试飞员，并且常常在航空展览中表演飞行。一天，他在圣地亚哥航空展览中表演完毕后飞回洛杉矶。正如《飞行》杂志所描写的，在空中300米的高度，两具引擎突然熄火。由于技术熟练，他操纵了飞机着陆，但是飞机严重损坏，所幸的是没有人受伤。

在迫降之后，胡佛的第一个行动是检查飞机的燃料。正如他所预料的，他所驾驶的第二次世界大战时的螺旋桨飞机，居然装的是喷气机燃料而不是汽油。

回到机场以后，他要求见见为他保养飞机的机械师。那位年轻的机械师为所犯的错误极为难过。当胡佛走向他的时候，他正泪流满面。他造成了一架非常昂贵的飞机的损失，差一点还使3个人失去了生命。

你可以想像胡佛必然大为震怒，并且预料这位极有荣誉心、事事要求精确的飞行员必然会痛斥机械师的疏忽。但是，胡佛并没有责骂那位机械师，甚至没有批评他。相反的，他用手臂抱住那个机械师的肩膀，对他说："为了表示我相信你不会再犯错误，我要你明天再为我保养飞机。"

包容的人，会以宽容的态度包容他人的错误，甚至会不计较个人的得失，来寻求化解矛盾和冲突的办法，因而，他们都过得很快乐。

包容是一种理解，一种体谅。很多时候，我们需要别人包容，也要包容别人，一味争抢只能使自己陷入孤立。

3. 坦然接受批评

我们中国有个成语叫做闻过则喜，它的意思就是指一个人乐于接受他人的批评，当听到他人指出自己的错误的时候就欣然自喜。这个成语出自我国的古籍《孟子》，意思就是要告诉我们，他人的批评是好事而不是坏事。

夸耀的好话我们每个人都喜欢听，但要知道，好话除了能够让我们心情稍微顺畅之外没有任何作用，而批评的坏话则不然了，它虽然刺耳，却可以帮助我们发现身上的不足，进而改变缺点，完善自己，最终成为一个不断"自新"的人。无论是历史上还是现代生活中，那些取得了突出成就的人无不是能够听取并包容批评他的人。

顾颉刚先生是我国著名史学家，也曾是北大的教授。除了在治学著书上面的严谨，顾先生还是位非常虚心的人。即使有如此大的成就和声望，顾先生仍然能够做到虚心接受他人的批评，哪怕是来自于他的学生。

当年，顾先生在北大教书的时候曾经针对《尚书》中尧典的十二州提出过它是受汉武帝十三州影响的论断，轰动了一时。但这一论断却遭到了他的学生的质疑，他的学生在翻阅了大量事实之后，认为顾先生的论断并不成立。

得知了自己的学生胆敢质疑自己的学术成果之后，顾先生并没有生气，反而鼓励其学生把自己的看法完完全全地写出来。在他的学生写出了自己的论文后，顾先生给予了认可，并否定了自己先前的观点，甚至公开称：其辖熟于史事，余自顾不如，此次争论汉武帝十三州问题，余当屈服矣。

虚心接受学生的批评，并改正自己的意见，顾先生的大家风范可见一斑，这也就难怪在先生去世几十年之后，仍然可以作为史学界的一杆大旗，矗立在前方，激励着后学者向其靠拢了。

生活中，我们必须要学会坦然地接受他人的批评。我们必须承认，除了少数别有用心的人的恶意诽谤攻击之外，绝大部分批评确实是针对我们的弱点和失误来的。我们应该用一种包容心来对待。

现实生活里，人们往往可以通过他人的批评来正视自己的过失，修正自己的行为。当别人诚心诚意地提出批评时，自己如果不虚心接受，反而盲目地反唇相讥，往往挫伤对方对自己的感情和积极性，甚至在两人之间筑起心理壁垒。

人非圣贤，孰能无过？我们每个人在做事或在待人处世方面，总难免有不曾发觉的死角或是一时疏忽。若在此时，有人提醒我们，我们应由衷感激。所谓朋友之道，贵在劝导，贵在善意的忠告。善意忠告是别人送给你最丰富的礼物。古人云：“良药苦口利于病，忠言逆耳利于行。”“人受谏，则圣；木受绳，则直；金受砺，则利。”然而现代社会，能够直言不讳地指责他人缺点者日渐减少。

大部分人在一般情况下都不愿意冒着使别人恼恨的危险去善意忠告别人，而都抱着独善其身的态度漠视一切。追究其原因，如果人人皆能诚恳、虚心地接受别人的善意忠告，而且人人都期待他人的善意忠告，则又会是一种什么样的景象呢？其实，真正能够苦口婆心地劝告我们、指责我们的人是谁呢？不外是父母、师长、兄弟、妻子、朋友或子女等。

总之，在人的一生中，总是蕴藏着或多或少这样那样的问题。当有人在我们出现问题的时候，及时给予我们批评或忠告，我们一定要包容它，寻求解决之道。如此，才能改变我们，让自己更完美。

第8章

淡泊

“非淡泊无以明志，非宁静无以致远。”

1. 恬淡与安然

更高的境界是，一个人不仅安于贫贱，不仅不谄媚求人，而且他的内心有一种清亮的欢乐。这种欢乐，不会被贫困的生活所剥夺，他也不会因为富贵而骄奢，他依然是内心快乐富足、彬彬有礼的君子。

这样一种儒家思想传承下来，使我们历史上又出现了很多内心富足的君子。东晋大诗人陶渊明就是其中之一。

陶渊明曾经当过八十三天的彭泽令，那是一个很小的官。而一件小事，便让他弃官回家。

有人告诉他，上级派人检查工作，您应当穿正装，恭敬地去接见领导。

陶渊明说，我不能为五斗米向乡里小儿折腰。就是说，他不愿意为了保住这点做官的“工资”而向人低三下四。于是把佩印留下，自己回家了。

回家的时候，他把自己的心情写进了《归去来兮辞》。说，“我的心灵已经成了身体的奴仆，无非是为了吃得好一点，住得好一点，就不得不向人低三下四、阿谀奉承，我的心灵受了多大委屈啊!”

他不愿意过这样的生活，于是就回归到自己的田园。

虽然，一提到陶渊明，大家会想到他所构想出的田园生活的美好图景，但我想陶渊明所创作出的这些田园诗歌，目的一定不在于为后人虚拟一个美好的田园，而是希望通过这样的诗歌让每一个人心里都开出一片乐土。

当然，说到这里，也许很多现代人觉得在当今的社会中，这种思想与其已经格格不入，不满足，有上进心，获得更高的收入，似乎成了人们不断地追求，但越是在这样的环境下，我们才更应该认真审视儒家所倡导的安贫乐道的意义，使自己在激烈的竞争环境中，拥有一个好心态、好人生。

可以说，在我们现实生活中这种人简直少之又少，很少有人会认为追求理想的精神快乐，值得人们用忍受物质生活的贫穷来取得。现代人的思想观念更偏重于物质，认为精神的快乐应该是建立在物质满足的基础之上，没有人能超越这一点，人都是喜欢安逸的。而孔子和颜回并不这么认为，之所以这样是因为他们不仅仅有追求理想的信念，更多的是具有为人乐观的精神态度。

乐观的人想问题总是从积极的一面入手，颜回也是这样。他并不觉得贫穷会给他带来什么不快，而是觉得只要有一箪饭、一瓢水，生活在小巷里能追求他的理想就足够了。

古人金圣叹在《临江仙》一词中说：“是非成败转头空，古今多少事，都付笑谈中。”因此，平淡是红尘的淡化剂，心如止水，沉稳恬静，拥有平淡，不拘泥于人言是非，不沉迷于利禄功名，脱离尘世喧嚣之境，视悲欢荣辱如过眼烟云，不为权势所羁绊，不为物欲所拖累，以一颗包容心直面人生，以出世的精神，做入世的事业，追求人格的独立和灵魂的自由。

人生在世，不见得权倾四方、威风八面，也就是说最舒心的享受不一定是物欲的满足，而是性情的恬淡和安然。在生活中随缘而安，纵然身处逆境，仍从容自若，以超然的心情看待苦乐年华，以平淡的心境迎接一切挑战。

晋代归隐后的陶渊明所过的那种简单生活，一直是人们向往的境界。这无疑是陶渊明隐居生活中最舒心惬意的事了。“结庐在人境，而无车马喧。问君何能尔，心远地自偏。”只有达到了这种境界才能享受脱俗的超然乐趣。

陶渊明这种返朴归真的生活使我们很受启迪。世人生活在万丈红尘中，烦心事儿总免不了。很多时候，为事业、爱情、家庭操劳，老人孩子、柴米油盐、得失浮沉、邻长里短，似乎件件桩桩的琐事俗事都让我们忙忙碌碌，于是觉得生活像根鞭子，而自己却像只陀螺，一直旋转到形神俱疲。这时候，便会心生感慨：生活太复杂了，要是简单一点多好。真正的简单是繁华落尽的素朴，是悲喜尝遍的了悟，是坎坷备尝的坦然，是无求无欲、不矜不躁的大气，如雨过天晴，天地澄明。如不是世路走惯，人事久历，哪能识得简单的真意?

2. 清心寡欲

道家认为，体道的过程是心灵净化的过程。首先是“心斋”：“惟道集虚。虚者，心斋也。”心斋，代表你的心像吃素一样，不要想荤的事情。这个心斋的比喻说明了：我们的心平常都是向外追逐，追逐许多具体的东西而不知道回头，以致忽略了这个心本身只有一个作用，就是要让它静下来，从虚到静，从静到明。

养生当以虚无、清静为本。保持虚无的状态，有利于人体气血的充盈（山谷虚空，所以有水流的汇聚）。清静可以胜炎热，可以减少人体的消耗。过度的劳作、躁动，则会消耗人的气血。身体差的人特别要注意！道的本质是虚无的，所以保持虚无的状态应当如同“道”一样。天的本质是清静的，所以保持清静的状态，应当如同天一样。而静心，则应当如同混浊之水逐渐澄清。

陶弘景，字通明，号“华阳隐士”，生于公元452年，享年84岁，是我国南北朝时著名的医学家和养生家。他年少时就萌生养生之志，于养生服食诸道，通幽探微，加之多年的勤求博访，深入钻研，终至悟性顿开，遂萌生出归隐之意，根据自身体会著《养性延命录》一书，总结了一系列的养生理论，对于老子提出的“见素抱朴，少思寡欲”的观点，他也是身体力行者。

陶弘景十九岁便在朝廷为“诸王侍读”，本来可以官运亨通，但他淡泊名利，“性好著述，明阴阳五行，风角星算，山川地理，方图物产，医术本草”，后隐居于茅山。

梁武帝很赏识他的才学，称他有“相才”，多次请他出山。但陶弘景却说："我看到官衙、广厦，不愿涉足其中；可是当我看到山川湖海，就乐而忘返。"陶弘景谢绝了梁武帝，一进入茅山便立志终身不再出山。他心中既无名缰利锁，故能安于平淡，每日寻草觅药，著书立说，研究修性养生之道。修性就是修养身心，怡情养神，而无忧思之虑。陶弘景认为，修性是延命的前提，延命是修性的结果。

陶弘景晚年皈依佛教，与笃信佛教的梁武帝算是志同道合。凡朝廷有大事难以决断，梁武帝都派官员进山找陶弘景商议。陶弘景本有济世之才，帮朝廷解决了不少难题。被梁武帝称为"山中宰相"。

凭陶弘景和梁武帝的关系，他想得到高官厚禄、光宗耀祖是不成问题的，但他何以不为之呢？在《养性延命录》中，他给了人们一个直截了当的回答："罪莫大于淫，祸莫大于贪，咎莫大于谗。"此三者都是名利场中人难以摆脱的，使人易忧、易患、易病、易老，而折寿早逝。所以陶弘景宁愿舍弃唾手可得的荣华富贵，远官场而近山林，于恬淡中过一种泰然自若的生活，可谓智者。

"壁立千仞，无欲则刚。"当一个人把个人的利益、名声、地位、权势看得高于一切时，稍有风吹草动，他就会担心自己的地位是否会动摇，利益是否会损失，权势是否会削弱，一旦情况朝坏的方面发展，就以为是大祸临头、忐忑不安、食不甘味。这样的人生有太多的顾虑，还会随时产生新的痛苦。《孟子·尽心上》中说："养心莫善于寡欲，其为人也寡欲，虽有不存焉者寡矣，其为人也多欲，虽有存焉者寡矣。"只有摆脱名缰利锁的羁绊，保有一颗赤子之心，心灵才能达到"海阔凭鱼跃，天高任鸟飞"的自由境界。

老子主张虚无无为，要达到无为的状态，就要学会放弃，要能够解放思想，心理上要放得开。通过个人的身心调节来避免不良情绪的产生。婴儿的状态是柔弱自然的，道家注重通过自然饱满的吐纳呼吸，来使人恢复到自然柔弱的生命状态。有一种行为叫意念，有时我们想到虚无无为，就能在身体上体现出来。使自己在思想上开放，而结果身体也能自然开放。顺应自然，以清静无为的状态来化解内心的烦躁。

精神压力及不良情绪造成人的不良状态（紧张），直接导致人体经络不通（血液流动），受阻生病。如胃病（胃胀、消化不良）等，就是由于人体处于不良的状态，而导致邪气侵入胃部（胸腹部紧张使体内出现一定的真空状态，而邪气侵入，就像人生气的状态），造成功能性消化不良等疾病。消化不良等疾病又导致人的抵抗力下降，造成人体滋生新的病痛。

如身体已经出现病态，可针对病患，采取疏通经络、按摩穴位等绿色治疗方式，尽量减少药物对肌体的伤害。精神上的问题现在也能通过按摩穴位来调节，如按摩太冲穴，敲胆经去肝火，修正人的精神状态。但这些都是治标不治本的办法，所以最重要的还是心理状态的调整！

天台山上的叶宗滨老人曾作为百岁老人被媒体报道。记者在问及他的养生之道时，他首先向记者提及的就是养生先“养心”。老人认为，“清心寡欲”乃“养心”的灵丹妙药。“清心”，然后能去贪心邪心，并能“知足”；“寡欲”然后能“知止”，在进退取舍上，拿捏得准确，使自己不至于陷溺于苦恼、怨恨的深渊之中。

“心”是一身之主，按中医理论，“心”既支配血脉的运行，还主持精神活动，是人体最重要的组织，称之为“君主”器官。心强健是整个各个脏腑都能健康正常的基础，如果心不处于正常状态，血脉闭塞不通，便会影响各个脏腑而受损，达不到养生长寿之目的。所以养生必先养心。

但养心莫大于寡欲，要保养心神，就要重视对欲望的克制。所谓

“无欲则无求”，心中杂念少了，杂事就少。把心中的杂念放下，减轻负担，让省下来的精力、气血化作一股能量，身体有了能量，自然就能长寿了。

3. 淡泊名利

古人曰：“淡泊以明志，宁静以致远。”讲的是人生在世只有不追逐名与利才能做到高瞻远瞩，立下大的志向，一个人做到淡泊名利，人生才能够活得更加轻松，更加快乐。

《清代皇帝秘史》中所记载的乾隆在下江南的时候，来到江苏镇江的金山寺，他看到山脚下大江东去，百舸争流，人声鼎沸，热闹非凡，随口问在大江旁边的一个老和尚：“你在这里住了几十年，可知每天来来往往有多少船?”这位老和尚倒也伶牙俐齿：“我只看到两只船，一只为名，一只为利。”

老和尚真可谓是一语道出了人世间的天机，太史公司马迁也曾在《史记》中写道：“天下熙熙，皆为利来，天下攘攘，皆为利往。”一个人活在这个世上，无论贫富与贵贱，穷达逆顺，都会免不了要和名利打交道。所有的这些也在一定程度上反映了一些正常世人的心态：愿为名利随波逐流，甘为名利放弃自我。然而一个人活着追求的东西毕竟非常多，过分的追求名与利，就会使人整日茶不思饭不想，失魂落魄。其实做人还是应该做到淡泊名利。

古人讲求宁静致远，淡泊明志，古人常常讲的是真性与妄心，所谓真性就如空中皎洁的明月，所谓妄心就如同遮掩明月的乌云，圣人之心经常平静如水，凡夫之心容易轻起妄念。

一个人生活在大千世界，终日忙忙碌碌，来不及对生命的意义进行仔细思考，难免会产生非分的念头，以致丧失了纯真的本性，只有当静心回首时才会真正感悟到人生的真谛，也才会感觉到保持心灵宁静的那种幸福。

日本作家川端康成自获诺贝尔奖之后，受盛名之累，常被官方、民间，包括电视广告商人等拉着去做这做那。文人难免天真，不擅应酬，又心慈面薄，不会推托；做事也过于认真，不懂敷衍；于是陷入忙乱的俗事重围，不知如何解脱，最后用自杀方式了此一生。据报道，川端临终前，曾为筹措笔会经费而心力交瘁。情绪十分低落，可能是促使他厌世自杀的原因之一，这当不是妄测之词。

固然，对川端康成这位作家来说，能获得诺贝尔奖，足见他的才华不凡，如果他不被卷入烦倦不堪的琐事，而能依然宁静度日，以他丰富的智慧，或许会有更具哲理的创作留传于世。而下面一位作家就是一个摆脱了尘世烦杂，专注与他的作品而取得了骄人的成绩。

《湖滨散记》的作者梭罗，为了要写一本书，而去森林中度过两年隐士生活。自己种豆和玉蜀黍为食，摆脱了一切剥夺他时间的琐事俗务，专心致志，去体验林间湖上的景色和他心灵所产生的共鸣。他从中发现许多道理，而完成了这本名著。

一个人的精力有限，时间有限，在有生之年，把握住自己真正的志趣与才能所在，专一地做下去，才可能有所成就。不但要有魄力，而且要有判断力，脱其他外务的干扰和诱惑，不为一切名利权位等虚荣而中途改道。这样，才能促成一个人事业的辉煌。

每个人都有失望和不满的时候，不是你的希望没有实现，就是他的欲望没有满足。每当这时，我们不是怨天尤人，便是破罐子破摔，却很少坐下来，仔细地想一想，我们为什么一定要有不满和失望。活着，我们不要祈求太多。

我们来到这世上时，本来就是赤条条的，一无所有，是上苍赋予了我们生命，上苍待我们何厚？使我们拥有了这么多，又占据了这么多。可是我们却从来也没有满足过，依然在祈求着上苍为我们降下更多的甘霖。

然而，生活不可能也不会按照我们的需求来十足地供应我们，于是，我们便失望了，我们便不满了。

世界对于每一个活生生的人来说，都是公平无二的。有耕耘才有收获，有奋斗才有成功，有付出才有得到。如果我们想花一分的代价去换回十分的成果，那是永远也不可能的。所以，我们永远都不应该祈求这世界平白无故地就给我们太多。

生命在于奋斗，人生在于积累。不要祈求，只有一点点就已经足够了。每天一点点，每月一点点，每年一点点，几年下来，我们就已经得到了很多很多，那么一辈子下来，我们不就已经变成了一个拥有整个世界的大富翁！不要祈求太多，太多了，生命就会显得过于沉重，自己就会感到人生因缺少遗憾而懒于去追求；不要祈求太多，太多了，人生就会显得过于臃肿，我们就会感到自己所拥有的一切都是负累，因无法带得动而终生不能轻松。这世间，美好的东西实在数不过来了，我们总是希望得到的太多，让尽可能多的东西为自己所拥有。

人生如白驹过隙，在感叹拥有和失去之间，生命已经不经意地流走了。拥有时，倍加珍惜；失去了，就权当是接受生命真知的考验，权当是坎坷人生奋斗诺言的承付。

不论修身养性，还是成就事业，都需要坚强的意志和高洁的心志，如果私心杂念过重，名利思想过浓，不仅事业无成，甚至还会身败名裂。“宁静以致远，淡泊以明志”，这是一句意义深长的座右铭。历史上趋炎附势，贪图一时荣华富贵作威作福的人，然而转眼间都家破人亡、株连全族，惨不忍睹。只有不求名利的人，过着自己朴实无华的生活与人为善、与人无争，才会悠闲、安静、快乐。

第9章

仁爱

爱人者，人恒爱之；敬人者，人恒敬之。

1. 世界因爱而存在

仁爱是人类共同的价值追求，也是人之所以为人的最本质的规定。人与人之间的爱是人际和谐、包容的前提，也是社会、团体、组织和谐的前提。如果人类丧失了仁爱之心，人性发生了异化，人变得邪恶了，那整个社会将充满暴力、充满血雨腥风。就拿现在的恐怖分子的暴力行径就是一种仁爱之心的丧失。

在这个世界上，人与人的爱是人类文明的一种标志。是进行文明自律的管理不可缺少的重要条件。仁爱是中华文化的基本精神。为了能够对社会、对组织进行和谐有效的管理，儒家、墨家、道教都提倡爱的思想，佛家也讲爱。儒家提倡“仁爱”，墨家提倡“兼爱”。儒、墨两家曾经是我国历史上最著名的、最有影响的两大学派，他们的仁爱思想对我国的文化发展产生了极为深刻的影响。

仁爱、兼爱、慈爱是中华文化的基本精神。著名的历史学家蒙文通教授指出："兼爱是东方地区的共同思想。人与人相爱，又是慎到、田骈'公而无党，易而无私'的基础。庄周一派的思想，总是以不屑之意待人，轻视绝俗，而自视甚高，使人与人相轻。商、韩一派总是以权术对人，使人与人相贼。他们从不同的角度反对仁义。东方的儒墨谈仁义，主张人与人相爱。田、慎的'还与众人同道'，必然要以兼爱为本。杨朱、墨翟都主张仁义，与老、庄、韩、商都不同。百家盛于战国，但后来却是黄老独盛，压倒百家，兼爱可能是其重要的因素。"

根据蒙文通的分析，在我国历史上有主张人与人相爱的和主张人与人相贼的两种文化倾向，但是，占主导地位的、影响深远的是"仁爱"的思想。根据《庄子·天下》篇的记载："泛爱万物，天地一体也"为惠施历物十事之一，可见，名家也是讲仁爱的。"仁爱"是儒家思想的核心，"仁"是孔子思想的主线。在《论语》中仁出现了109次。《说文》解释："仁，亲也，从人从二"。即"仁"是表示人与人之间相互关系的范畴。人是社会化的生物，人不是孤立地生活，而是处于相互合作、相互交往、相互联系之中的，所以人的相互之间的社会关系是人际之间的最基本关系。有人说，人最需要的是人。没有人与人之间的合作与交往简直是不可想像的。儒家的创始人孔子，早就看到了人际关系的极端重要性，把学术研究的重点放在对"人"的研究上，提出了"仁"这个概念，把人从天命神学中解放出来，为中华文化的人文精神奠定了基础。

民间有个说法，别看"仁"这个字只有四画，单立人一个二，叫二人成仁。就是说，仁爱，从来不是一个单立人状态下的自我状态。

在孤独的、自我的、封闭的环境下，是谈不到仁爱的。仁爱一定是你旁边还有一个别人，俩人在一起时，才能看出是否仁爱。

在一个村子里，有一个盲人，这个盲人只要是夜里出门，他一定要打一盏灯笼。村里人夜里出来，唯一看见有灯笼的地方，就知道是这个盲人出来了。外地来的人看到这一点，就唏嘘感慨，说你们这儿瞎子的品德太好了，他自己是没有光明黑暗之分的，你看他深更半夜出来，总要操心别人能不能看见亮，为别人打一盏灯笼。就跟盲人说，你真了不起！瞎子淡淡地说了一句：因为我是瞎子，我不希望别人撞到我，我打灯笼也是为我自己。

我们大家想想，其实，这就是人行走于这个世界上的道理。打一盏灯客观上是给别人照亮路，主观上也给自己规避了很多风险。在这个布满苍茫的世界上，我们都是明眼人吗？我们都能洞悉一切事项，规避一切风险吗？有时，为了让别人方便，打着灯笼为别人照亮，别人可以躲开你，你自己的风险，也就没有了。

因此，所谓“己所不欲，勿施于人”，就是用自己的心推及别人；自己希望怎样生活，就想到别人也会希望怎样生活；自己不愿意别人怎样对待自己，就不要那样对待别人；自己希望在社会上能站得住，能通达，就也帮助别人站得住、通达。总之，从自己的内心出发，推及他人，去理解他人，对待他人。“己所不欲，勿施于人”，简单地说就是推己及人，它和中国民间常说的将心比心，设身处地为别人想一想等等，指的都是一个意思。

人是最复杂的动物，人与人交往也是一项复杂的活动过程，在这个过程中，需要付出情感，而在此时，仁爱就是一个很好的处事原则。

战国时，梁国与楚国交界，两国在边境上各设界亭，亭卒们也都在各自的地界里种了西瓜。梁亭的亭卒勤劳，锄草浇水，瓜秧长势极好，而楚亭的亭卒懒惰，对瓜事很少过问，瓜秧又瘦又弱，与对面瓜田的长势简直不能相比。楚人死要面子，在一个无月之夜，偷跑过去把梁亭的瓜秧全给扯断了。梁亭的人第二天发现后，气愤难平，报告县令宋就，说我们也过去把他们的瓜秧扯断好了。宋就听了以后，对梁亭的人说："楚亭的人这样做当然是很卑鄙的，可是，我们明明不愿他们扯断我们的瓜秧，那么为什么再反过去扯断人家的瓜秧？别人不对，我们再跟着学，那就太狭隘了。你们听我的话，从今天起，每天晚上去给他们的瓜秧浇水，让他们的瓜秧长得好，而且，你们这样做，一定不可以让他们知道。"

梁亭的人听了宋就的话后觉得有道理，于是就照办了。楚亭的人发现自己的瓜秧长势一天好似一天，仔细观察，发现每天早上地都被人浇过了，而且是梁亭的人在黑夜里悄悄为他们浇的。楚国的边县县令听到亭卒们的报告后，感到非常惭愧又非常敬佩，于是把这事报告给了楚王。楚王听说后，也感于梁国人修睦边邻的诚心，特备重礼送梁王，既以示自责，也以示酬谢，结果这一对敌国成了友邻。

这个说法印证了一个道理，就是你对别人的包容，就会换来世界给你的一个回馈。当你怀着一颗恭敬仁爱之心，抱着一种包容的态度，去对待他人的时候，会赢得和美结果。随着当今社会的发展，仁爱的思想已经渐渐离人们远去，试看，当今世界中，有很多国家拥有核武器，这些核武器又足以给地球、给人类带来多少次毁灭；再如，一些大国嘴上标榜人权主义，但却到处施行霸权，抵制其他国家的发展，更在背后蓄意制造国与国之间的矛盾。他们所缺少的正是儒家所提倡的"仁爱"之心。

仁者爱人，仁为"心之德，爱之理"。仁爱的感情，是对他人的一种喜欢、亲近、需要、关心和爱护。所以，我们希望儒家的"仁爱"

思想在全世界亿万人民心中扎根，未来世界就会充满爱、充满和平。

2. 爱能改变人生

爱就像明媚的阳光一样可以照彻寒冷的心房，爱就像炎炎夏日午后的一场骤雨，可以使万物顿时获得滋润，充满生气。

美国一位著名教师费里斯·赫布曾经谈起他教过的一个学生：学校里，每一个教过他的老师都摇着头说他是自甘堕落。我们知道他天性聪明，别的同学能学会的，至少他也能学会，但是他却拒绝努力，也不愿接受别人的帮助。对他鼓励也好，批评也好，他都无动于衷。

一天课后，我找他谈话，告诉他："你的这次考试又是一塌糊涂，你不给我留一点余地。看来，只能给你打不及格了。你有什么要说的吗?""没什么可说的。"他往椅子上一靠，脸上露出嘲笑的表情，无所谓地说。

他这么一说，我失望之极，只好挥挥手，让他走。他转身迈着轻松的步伐，潇潇洒洒地走出了办公室。"天哪！这孩子怎么能这样？他难道就这样自暴自弃吗？谁还能帮这个孩子一把?"我不自觉地大声说了出来。我两手抱着头，呆坐在办公桌前，连自己都没有意识到，竟泪水涟涟。

不知过了多久，我觉得一只手放到了肩膀上。抬头一看，他回来了。"老师，我不知道还有人对我这么关心。"他说，脸上的嘲笑消失了，"如果我再试着努力一下，您能帮助我吗?""那你可一定要真正努力才行。"我回答说，"我们俩都要加油。""那好吧，能从现在就开始吗?"从那以后，他真的开始努力，各科作业都完成得很好，最后，他甚至成了班上最好的学生之一。

当人的灵魂被爱浇灌之后，它所散发出来的，只会是人性的芬芳。

现今激烈的社会竞争，使得有些人的心仿佛是久旱不雨的荒凉沙漠，一件小事都可以让满天飞尘。这时，能够恢复他们内心原有滋润且能带来生气的骤雨，就是他人的关怀和相互谦让的心。微不足道的事也好，不受瞩目的事也罢，若是人人都能发自内心地做对他人及社会有益的事，不但自己幸福，别人也会幸福。这就像一场午后的骤雨，每个人的心中都能感受到喜逢甘霖的幸福。爱的本身就是一串震颤的弦音，一种花香的弥散——持久、热烈而又延己及人，从一双手到另一双手，从一个人到另一个人。

爱可以被分享，当爱被分享的时候，爱会变得更伟大。一个人只有学会了分享，才能感受到一种发自内心的喜悦。我们尽管可以大量给予他人同情、鼓励、扶助，而这些东西，在我们自身是不会因“给予”而有所减少的。相反，我们给人越多，自己所拥有的也就越多。

很久以前，生命中所有的态度，都住在一个美丽的岛上。这些具备个性的态度，包括希望、憎恨、怜悯、妒忌、愤怒、自负、爱等等，他们在岛上一同生活，建造自己的天堂。有一天，他们发现身处的小岛正在沉入大海。“各位，小岛正不断下沉，”野心向其他态度宣布，“我和创造商量过了，我们要修船去找新的居所。在那里我会将土地卖给你，然后在组织的带领下重建家用。我们必须离开此地。”最先离开的是冲动和轻率，跟着是悲观，然后是消极。侵略和固执则为应如何做而大吵大闹。挫折和冷漠不久亦走了，他们觉得命该如此，对其他同伴争论应走应留感到厌倦。被动不想卷入如何挽救这个岛的争论，亦跟着走了。态度们一个跟一个地随着船离开了岛，最后只有爱留了下来。爱对小岛的爱很坚定，他决定留守至最后一刻。当其他同伴纷纷离开时，爱则在岛上回忆着在这里的快乐日子。小岛快要消失了，没有一个态度尝试挽救它，爱只有依依不舍地离开。他没有准备船只，只有向其他经过的船呼救。最先经过的是财富，他的船精雕细琢，是所有船中最大最快亦能航行得最远的。爱向财富喊道："财富，你能帮我离开这里吗?"财富说："爱呀，我不能载你，因为我的船载了很多金银珠宝，载不动你。"

跟着来的是自负。"自负，请你救我!"爱企盼着。"我也很想救你，"自负说："但你全身湿透，会弄脏我的船的。"跟着他亦消失在大海中。然后爱看到希望，"希望，请教救我!"希望说："我希望你明白，我现在只希望这只船可以撑到对岸，对不起。"

小岛一寸一寸地下沉了。爱爬到岛上最高的山尖，等待其他船经过，但山尖现在只剩下一个小丘了。爱看到悲伤驶近自己，便对他恳求："悲伤呀，让我上你这条船吧!"悲伤对他说："噢，我太悲伤了，想自己一个人静静地过。"跟着来的是高兴，但他因为能够离开此地而太高兴了，根本听不到爱的呼救。恐惧驶近了，但他担心若被其他态度见到自己接载了爱，会被他们指指点点，最后亦没有伸出援手。爱向妥协求救，但妥协告诉爱要接受现况，与小岛一同沉入海底。爱向愤怒求救，但愤怒认为爱落到这样的田地是咎由自取，对其愚笨感到愤怒。一艘一艘的船驶近又驶远，爱却仍然未能离开，他的心亦跟着岛屿往下沉……

水已经浸到爱的胸膛了。突然有一个声音说："爱，上来吧，我载你走。"爱大喜过望，立即跳进这艘肯救他的船。这艘船看起来十分老旧，饱经风雨的洗礼，但船身仍然坚固结实。爱因为太高兴，竟忘了问救他的老者是谁。爱向博学问道："是谁救了我?"博学说："是时间救你的。"

“时间?”爱问：“时间为何救我?”

博学说：“爱，你是所有态度中最伟大的，其他态度都不及你。你能忍受一切，你能承担一切，只要给你时间，你能治愈一切创伤。你知道的，只有时间能了解什么是伟大的爱。”没有爱的财富，令人变得贪婪；没有爱的自负，令人与人之间的关系变得肤浅；没有爱的悲伤，令人变得以自我为中心；没有爱的快乐，令人失去怜悯；没有爱的恐惧，令人失去勇气和埋没良心；没有爱的妥协，令人对未来失去期望和信心；没有爱的愤怒，令人失去宽恕之心，而没有宽恕之心，无人能获得心灵的治愈。

你对身边之人的爱愈能经受时间的考验，他们便会愈喜欢你。记着，直至物换星移，也许你才会真正明白爱为何物。人与人相处时，总不免会有其他态度，例如愤怒、妥协、自负、悲伤等，但记着要以爱对待所有的人。只要时间容许，爱能真正改变生命。

3. 索取与给予

活着要对别人有用处，你才能拥有快乐。

有这样一则故事：

有一个守墓人，每星期都收到一个不相识的妇人的来信，信里附着钞票，要他每周给她儿子的墓地放一束鲜花。

后来有一天，他们见面了。那天，一辆小车开来停在公墓大门口，司机匆匆来到守墓人的小屋，说：“夫人在门口车上，她病得走不动，请你去一下。”

一位上了年纪的妇人坐在车上，表情有几分高贵，但眼神哀伤，毫无光彩。她怀抱着一大束鲜花。

“我就是亚当夫人。”她说，“这几年我每个礼拜给你寄钱……”

“买花。”守墓人答道。

“对，给我儿子。”

“我一次也没忘了放花，夫人。”

“今天我亲自来，”亚当夫人温存地说，“因为医生说我活不了几个礼拜。死了倒好，活着也没意思了。我只是想再看一眼我儿子，亲手来放一些花。”

守墓人眨巴着眼睛，苦笑了一下，决定再讲几句：“我说，夫人，这几年您常寄钱来买花，我总觉得可惜。”

“可惜?”

“鲜花搁在那儿，几天就干了。没人闻，没人看，太可惜了!”

“你真的这么想的?”“是的，夫人，你别见怪。我是想起来自己常去医院孤儿院，那儿的人可爱花了。他们爱看花，爱闻花。那儿都是活人，可这儿墓里哪个活着。”

老夫人没有作声。她只是小坐一会儿，默默地祷告了一阵，没留话便走了。守墓人后悔自己一番话太率直、太欠考虑，这会使她受不了。

可是几个月后，这位老妇人又忽然来访，把守墓人惊得目瞪口呆：她这回是自己开车来的。

“我把花都给那儿的人们了。”她友好地向守墓人微笑着，“你说得对，他们看到花可高兴了，这真叫我快活!我的病好转了，医生不明白是怎么回事，可是我自己明白，我觉得活着还有些用处。”

在我们的生活中，我们活得有时并不快乐，追究原因，就是我们忘记了这样一个道理：活着要对别人有些用处才能快活。不错，有时我们不快乐并不是我们失去的多，而往往是奉献的少。

微不足道的事也好，不受瞩目的事也罢，若是人人都能发自内心地做对他人有益的事，不但自己幸福，别人也会幸福。这就像一场午后的骤雨，每个人的心中都能感受到喜逢甘霖的幸福。

第10章

和 美

世界都是由于和而美，也是因美而和。那美丽的鲜花，因为有了绿叶的依偎，才显得清纯和鲜润；那蓝蓝的天空，因为有了白云的衬托，才显得静穆和安详；那宽广的大地，因为有了万物的拥吻，才显得和平和馨香……

1. 以和为贵

“和”是中国审美文化的精神，是儒家价值观的终极目标。儒家文化，崇尚“和”、重视“和”、提倡“和”，追求“和”。视“和”为宇宙万物本然的状态，把“和”作为最大的价值，把“和”作为最高的目标，把“和”作为最高的道德境界。夫妻和睦、家庭和谐、天人合一、邻里顺和、和气生财、和而不同等等。总之，“和”是宇宙万物的大道，“和”是社会人生的大义，是中华民族传统道德的最高境界。

孔子在人际交往中崇尚“和”字。孔子的学生子有将老师的这一思想概括为“和为贵”。孔子也把“和”看成处理国家关系、种族关系及人际关系的一个准则，他十分重视社会的整体和谐。“丘也闻有国有家者，不患寡而患不均，不患贫而患不安。盖均无贫，和无寡，安无倾。”（《论语·子路》）讲的就是这个道理。《礼记》中的“和也者，天下之达道也”，一言以蔽之，道出了和的极致。

孟子提出“人和”，他说：“天时不如地利，地利不如人和。三里之城，七里之郭，环而攻之而不胜。夫环而攻之，必有得天时者矣；然而不胜者，是天时不如地利也。城非不高也，池非不深也，兵革非不坚利也，米粟非不多也，委尔去之，是地利不如人和也。故曰：域民不以封疆之界，固国不以山溪之险，威天下不以兵革之力。得道者多助，失道者寡助。寡助之至，亲戚畔之；多助之至，天下顺之。”（《孟子·公孙丑》）这里所谓人和是指人民的团结，人民的团结是胜利的决定性条件。孟子将“人和”的地位置于“天时”、“地利”之上，成为宇宙“三才”（即天、时、人）中最为宝贵的东西。荀子则以人能“合群”为本，引发出“和则一，一则多力，多力则强，强则胜物”的道理。他说：“人力不若牛，走不若马，而牛马为用，何也?”就是因为“人能群，彼不能群也”（《荀子·王制》）。

这种以和为贵的思想，历来是中国传统价值观教育的核心，蕴含着宇宙一体的丰富哲学内涵。几千年来，在以孔子为代表的儒家学派的大力倡导下，于潜移默化之中，孕育了人们热爱和平、团结豁达、宽容博大的胸怀。这是今天仍然必须承认的道理。因为我们没有将“和”的力量发扬光大，内耗比较多。

有一个故事：

一天，天鹅、狗、鱼，一起要把一个食物拖动到一个安全的地方，解决各自的饥饿问题。于是他们三个拼命用力拉，可是，无论他们怎么努力，食物还是在原来的地方不动。

食物也并不是很重，为什么三个人一起努力仍然无法将其挪动呢？三个人一探讨原因，才发现原来在拖动的过程中，天鹅拼命向云里冲，狗是向后倒拖，鱼直向水里拉动。

从这个小故事中，我们可以看到“和”对于一个人，一个团队乃至当今社会来说都是十分重要的。在中国古代，无论是儒家的仁、义、礼、智、信，无论是老庄的道法自然、无为而无不为，还是墨家的兼爱为本，所有关系的最终归宿就是“和”字，最高的境界也是一个“和”字。

在中国人传统观念里面，和谐是非常强调的一个层面。君子以和为贵，和气方能生财，家和万事兴。可以说，“和”是中国传统文化中极为重要的思想范畴，它的立足点在于社会的稳定与协调，并直接影响着中国人的思想方法与处世观念。

在中国古代的经典论述中，“和”的基本涵义是和谐，古人重视宇宙自然的和谐、人与自然的和谐，更特别注重人与人之间的和谐。“和”，是一种境界，是一种精神。家和万事兴，和气生财历经5000多年而心心相传，“和”已经深入到每一个中华人的血液里，“和”（和而不同）“合”（天人合一）成为中国思想文化中被普遍接受和认同的人文精神，它纵贯整个中国思想文化发展的全过程，积淀于各个时代的各家各派思想文化之中，因此，它体现着中国思想文化的首要价值和精髓，也是中国思想文化中最完善最富生命力的体现形式。

2. 和而不同

“和而不同”，是孔子贵和思想的理论支点，包含着丰富的辩证法。和，不是指相同东西的简单相加或同一，而是指不同东西的和合与统一。就是说：国与国、种族与种族、人与人之间有什么分歧，应该和平协商，化解争论，和平相处，不要采用战争和仇杀的方法。但“和”又不是彼此混合在一起，而失去了国家、种族和个人的独立地位，使多元并存、五彩缤纷的不同文化、不同种族和肤色的人完全一致，这既是违反人类发展的规律，也是在现实生活中无法实现的。“和”是解决彼此之间分歧而达到人类一家，人类群居生活中彼此和平共处避免战争的一种思想方法；“不同”则是保持国家、种族、文化和个人的特性与独立的地位。

“君子和而不同”，和谐而又不千篇一律，不同而又不相互冲突。和谐以共生共长，不同以相辅相成。和而不同，是社会事物和社会关系发展的一条重要规律，也是人们处世行事应该遵循的准则，是人类各种文明协调发展的真谛。

由此可见，孔子所说的“和”，不是随波逐流，不是“一团和气”；相反，“和”是有原则的“和”，“和”有其鲜明的立场和严格的标准。

然而，在经济全球化的今天，“和而不同”这一两千年前的古老观念仍然具有强大的生命活力，仍然可以成为现代社会发展的一项准则和一个目标。“和而不同”，是世界多元文化共同繁荣发展的必由之路；所以说，“和而不同”是人类共同生存的基本条件和基本法则。

“和而不同”要求常怀包容精神，像拉丁文“宽容”一词“Tolerare”原义那样：容许别人有行动和判断的自由，对不同于自己或传统观点的见解的耐心、公正的容忍；或就是现代民主社会人们常说的一句口头禅：“我不赞成你的话，但是我要誓死捍卫你说话的权利。”

“和而不同”，是承认“不同”，尊重“不同”，在“不同”的基础上求中致和，体现了经由多种因素特别是对立因素的斗争或变革（首重良性竞争）寻求统一或调谐的精神。推而论之，“和而不同”作为一项原则性共识，莫非现代民主政治广泛包容多元文化（或“非群体文化”）的优化决策概念的必要前提；正确处理家庭成员、办公室同事关系以至集团、国家、民族纷争，追求全球化、世界主义，以及天下大同理想必遵的金科玉律。

2002年10月24日前中国国家主席江泽民在美国布什总统图书馆发表演讲阐述了“和而不同”的思想。他指出两千多年前中国先秦思想家孔子就提出了“君子和而不同”的思想。和谐而又不千篇一律，不同而又不相互冲突。和谐以共生共长，不同以相辅相成。和而不同是社会事物和社会关系发展的一条重要规律，也是人们处世行事应该遵循的准则，是人类各种文明协调发展的真谛。2003年12月10日，前中国总理温家宝在美国哈佛大学商学院题为《把目光投向中国》的演讲中，介绍中华民族的文化底蕴时说，“和而不同”是其中一个伟大思想。和谐而又不千篇一律，不同而又不彼此冲突；和谐以共生共长，不同以相辅相成。他认为，用“和而不同”的观点观察、处理问题，不仅有利善待友邦，也有利国际社会化解矛盾。

中国文化倾向于不把人与人之间的关系弄得那么紧张，不主张世界上的事都那么不可调和。“和而不同”是中国人面对这个世界的总原则，也是中国文化贡献给人类的大智慧。中国文化里面的“和而不同”的思想，就是要我们正确认识这个世界的生存状态，正确认识人类自己，以寻找危机的解决之道。

3. 和平与仁义永远胜于战争

在中国历史上，总是充满着鲜血与厮杀，总是舞动着吴王金戈越王剑。我们似乎总是相信武力的作用，总是相信以恶止恶，以杀止杀，孟子的“不嗜杀者能一之”的思想显得那样软弱无力。但是，在中国历史上，也并不是没有以善止杀、以柔止杀的事例。

晋武帝司马炎称帝以后，有灭吴的打算。他任命羊祜为都督，治理荆州（今湖北省襄樊市）军事，统率大兵镇守，与东吴隔江相望。

羊祜到了南方后，没有急于加强军事措施，而是实行怀柔政策，开设学校，安抚远近地区，很快得到江汉一带百姓的拥护。他还对吴国人开诚布公，凡是来投降的人，想要离开荆州，决不阻拦，去哪儿都可以。吴国石城的守备距离襄阳七百多里，常常来侵扰，羊祜用计使吴国撤消了石城的守备，使两地能够和平共处。这样他就可以减少一半戍兵，分出来去开垦了八百余顷田地，大获收益。

羊祜刚到的时候，军队没有百日的存粮，经过他的屯兵开垦，居然积蓄了可供十年之用的储粮。后来，皇帝下命令撤销江北都督，设置南中郎将，把他们所属的在汉东和江夏的各军都归羊祜统领。

羊祜后来进一步占据险要地区，建造了五座城，收取大批肥沃的土地，夺得了吴国人的资产，石城以西，尽归晋国所有。从此，吴国来投降的人络绎不绝。

在这种情况下，他还是没有急于进攻东吴，羊枯更加提倡实施恩德信义，用怀柔政策来笼络刚刚归附的人。

羊祜每次和吴军交战，总是先约定好日期才开战，不搞突然袭击。有的将帅想提出诡谲奸诈的计策，羊祜就不断地给他们灌酒，使他们无法开口。有人抓到吴国的两个人做俘虏，羊枯又把他们遣送回家。后来吴国的将领夏详等人来投降，这两个人的父亲也率领他们的属下、同伴一起来。吴国的将领陈尚、潘景带兵进犯，羊祜追赶并杀死了他们，但又称赞、宣扬他们的气节，厚加殡殓。陈尚、潘景的子弟来迎丧，羊祜还举行隆重的礼节把他们送回家。吴国的将领邓香到夏口进犯、枪掠，羊祜悬赏活捉邓香，捉到后却又把他放回去。邓香因此非常感激，就率领他的部下前来投降。

羊祜严厉约束自己的军队，他的军队出行，经过吴国的地段，收割地里的稻谷作为粮食，都计算好收割稻谷的数量，用绢偿还。每次会集部队在江沔一带游猎时，一般总是在晋国境内，不许军队进入吴国境内。如果禽兽为吴国人所伤而后被晋兵所得，他就让人送还给吴国人。于是，吴国人都对他心悦诚服，尊称他为羊公，而不呼他的名字。

羊祜和吴国的将领陆抗相对垒。两军使者常有来往。陆抗十分称赞羊祜的德行和度量，认为即使乐毅、诸葛亮也不能与他相比。陆抗有次生病，羊枯了解了他的病情后，就派人给他送药去。陆抗高兴地服下，一点儿也没疑心。有人怕药里有毒，进行劝阻，陆抗批评说："羊祜哪里是个会害人的人！

陆抗自然也清楚羊祜实行的是怀柔政策。因此，他常常告诫他的部下："如果羊祜他们专施恩德，而我们专用暴力，我们就会不战而败啊！现在只要各保自己的疆界就可以了，不要去追求小利。"吴国的皇帝孙皓听说吴晋边境和好，便责问陆抗。陆抗回答说："一个小镇、小乡，尚且不可以没有信义，何况泱泱大国！我如果不这么做，就只会使羊祜的名声更大，对他毫无损伤。”可以说，他们两人的才智是不相上下的。

羊祜在对吴国军民实行怀柔政策的同时，修缮盔甲，训练士兵，做了广泛的军事准备。他上书给晋武帝司马炎说，平定蜀地已经十三年了，现在吴国的孙皓暴虐无道，吴国的百姓困苦不堪，而我们晋军的力量比过去更加强大，应该抓住时机，平定东吴，统一天下，使天下安宁，人民和好。他对灭吴的战略战术也提出了许多精辟的意见。晋武帝非常赞同他的意见。后来羊祜卧病，回到洛阳。他又抱病向晋武帝当面陈述伐吴大计。此后，晋武帝还派中书令张华去询问他的筹划和策略。

羊祜病情越来越重，他便推举杜预接替自己。不久病逝，享年五十八岁。当时天气寒冷，晋武帝穿着丧服悲伤地哭泣，泪水流到鬓须上，都结了冰。荆州人在集市上听到羊祜病逝的消息，没有一个不号啕痛哭的，集市贸易因而停止，哭声连成一片。吴国守边的将领知道他已经去世，也都伤心地为他哭泣。

羊祜死后两年，吴国被平定。大家都为皇帝庆贺。晋武帝拿着酒杯流着眼泪说：“这哪里是我的功劳，都是羊祜的功劳啊！”

羊祜这个人，或者说由他而引发的文化现象，耐人寻味。1700余年，人们一直在纪念着他，把对他的崇敬之情，倾注在山与碑、诗与歌之中。羊祜这个名字，凝聚着一种精神，这种精神曾经与我们所崇尚的优秀传统文化产生过强烈的共鸣。

孟浩然在其名篇《与诸子登岘山》诗中吟道“羊公碑尚在，读罢泪沾巾。”怆然而涕下的何止孟夫子一人。李白先后三次写过堕泪碑，在诗作中他发出这样的感慨：“且醉习家池，莫看堕泪碑。”“空思羊叔子，堕泪岘山头。”男儿有泪不轻弹，面对逝去的岁月和斑驳的残碑，如此众多的诗人抛泪岘首，可见，羊祜的事迹必撼人肺腑。

吴国并没有因羊祜的仁德与怀柔而免于被吞并的命运，晋国也没有因羊祜的仁德与怀柔而长盛不衰，战争似乎也没有因羊祜的仁德与怀柔而有所减少。然而，我们应该看到的是，羊祜的行为代表了人类的一种愿望与精神，这种愿望与精神就是人类应该和平与亲爱。

子墨子也言：视人之国，若视其国；视人之家，若视其家；视人之身，若视其身。是故诸侯相爱，则不野战。说得也是一种人类的亲爱，羊祜的行为与子墨子有同工异曲之妙，人类如果失去了亲爱这种基本的精神支柱，人类就只有苦难甚至于招致灭亡的危险境地。

第11章 敬畏

万物众生，都值得我们敬畏。从一朵向阳的花、一棵嫩绿的草，一只窜动的蚂蚁、一个襁褓的婴儿……

1. 敬畏自然

我们要感恩于大自然，感恩于大自然给了我们来到世界的机会，感恩于大自然赋予了我们强健的体魄，健壮的生命。感恩于大自然给我们造就了青山绿水，生长了花草树木，施舍了阳光雨露……

大自然，鬼斧神工，她煞费心机地创造了波澜壮阔的大海，一望无边的森林，盛气凌人的高山，凹凸不平的盆地，最重要的是——大自然创造了人类。

因此，不仅是母亲给了我们生命，更是大自然赋予了我们全人类的生命。感恩大自然，是每个人应该做的事。每一个降生于世间的婴儿都是大自然最丰富的馈赠。每当你在饱览世界各地的自然风光时，你怎能不由衷地感恩大自然为我们创造了如此的奇迹？每当你听到那惊人的动物数量报告时，你又怎能不赞叹大自然的杰作？

人类既然是宇宙智慧的创造物，人类智慧应该领悟大自然的智慧，人类谋求自己的生存和发展，应该时时想到爱护自然，求得人与自然的和谐发展。人类应该从根本上转变理念，再也不要宣称什么“征服自然”，应该敬畏自然、爱护自然。

老子曰：“天道无亲，恒与善人。”人类不善待自己，天也不善待人类，天只会加重自然灾害。地球环境越恶劣，天的惩罚就越大。生态环境保护的问题是当今世人最关心的一个问题。老子在《道德经》中所阐述的道法自然的思想，为实现人与自然的圆融无间、共生共荣提供了丰富的思想资源。我们不能不感叹老子的远见卓识。老子的这些思想对于增强今天人们的环保意识，拯救自然环境免遭人为破坏具有重要的启示作用。只有人与大自然和谐相处，才能追求双赢、多赢和人类社会的和谐发展。

敬，而生虔诚心；畏，而生戒惕心。我们应对自然应心存敬畏。心怀对自然的敬畏，才能享受青山绿水，聆听自然心声。近年来，雾霾天气严重困扰国人，人们怨声载道，可谁又想过，造成这一现象的不正是我们对自然缺乏敬畏之心吗？树林花园被拔地而起的高楼取代，蓝天白云被工厂的乌黑浓烟遮掩，甚至生长百年的橡树林因逆领导意志而被无情砍伐。我们对自然的敬畏之心去哪儿了？记得一位登山家在登上珠峰时感慨地说：“不是我征服了珠峰，而是它向我展示了它温柔的一面。”这种对自然的敬畏之心让人动容，也足以让我们反思该如何敬畏自然。

生态环境问题的出现大多与人为活动有关。本来自然界对人类是很友好的，山清水秀、草木旺盛、万里蓝天、空气清新、土壤肥沃、河流潺潺、湖泊清澈、鸟语花香、动物悠闲，真可谓江山如此多娇，但由于人口数量的恶性膨胀以及人性无限攫取的贪婪，人对环境和资源的不当改造、利用以及向生态圈大量排放废弃物——主要是滥垦、滥牧、滥伐（林木）、滥采（药材和矿藏）、滥围、滥填、滥用水资源、滥施化肥农药导致土地功能衰退，灭绝性捕杀珍稀濒危野生动植物致使古老的生物链条被人为绞断。不经有效达标治理的工业废水、废气、废渣、实验室毒性重金属和氰化物、生活污水与垃圾的巨量排放及随意堆弃，所有这些都打乱了自然界固有的美丽宁静和伟大平衡，破坏了自然界固有的和谐状态，引发和加剧了自然灾害，直接或间接造成了大气污染、水土流失、土地荒漠化、植被枯死等生态环境危机。

下面仅以荒漠化问题为例，就足以给人们敲响警钟。

我国是世界上荒漠化问题最严重的国家之一。荒漠化对我国经济社会的可持续发展造成的危害十分惊人。一是荒漠化缩小了中华民族的生存和发展空间。我国现在荒漠化土地 39.3 亿亩，占国土绿地面积的 27.3%，相当于 14 个广东省。荒漠化问题涉及 18 个省 471 个县。全国每年荒漠化净扩展面积已超过 1000 万亩，仅沙化土地每年净增 369 万亩。二是荒漠化导致了土地生产力的严重衰退，因荒漠化使全国草场退化达 20.7 亿亩、耕地退化 1.16 亿亩。三是荒漠化造成了严重的经济损失。我国每年因荒漠化造成的直接经济损失达 540 亿元，相当于西北五省区 1996 年财政收入的 3 倍。四是荒漠化加剧了生态环境的恶化。水土流失越来越严重，仅每年输入黄河的 16 亿吨泥沙，就有 2 亿吨来自荒漠化地区。沙尘风暴越来越频繁，造成严重的空气污染，降低了人类生存环境的质量。

这就是天的本性。天的本性是用之至公的，绝对不会袒护人去胡作非为。所以，人类既然来自天地，理应法天则地，遵循大自然的规律。

虽然，近年来，我国的生态环境保护工作在党和政府的高度重视下，已经进入了新的发展时期，基本避免了环境质量急剧恶化的趋势，扭转了长期以来森林覆盖率和蓄积量持续下降的局面。但是，我国生态环境形势依然十分严峻，甚至还有相当多的地区环境污染和生态破坏的状况仍然没有得到彻底的改变，这种状况危害了人民的健康，越来越成为制约经济和社会发展的重要因素。因此，我们人类一定要保护我们的生存家园。自然界的一切，都是宇宙智慧的创造物，破坏大自然，必然遭到大自然的惩罚。大自然的处罚是无情的，是令人畏惧的，人类应该调整自己与自然的关系。人类不应该与大自然对立起来，自然界不是人类征服的对象，而是与人类平等的生命，人类应该与自然求得和谐的发展，在改造自然、利用自然的过程中，要使自然界更美好，从而使人类的生存更为美好。

2. 敬畏生命

德国思想家史怀泽曾在《敬畏生命》中写道：他在非洲志愿行医时，有一天黄昏，看到几只河马在河中与他们所乘的船并排而游，突然感悟到了生命的可贵和神圣。于是，“敬畏生命”的思想在他的心中蓦然产生，并且成了他今后努力倡导和不懈追求的事业。

其实，也只有我们拥有对于生命的敬畏之心时，世界才会在我们面前呈现出它的无限生机，我们才会时时处处感受到生命的高贵与美丽。地上搬家的小蚂蚁，春天枝头鸣唱的鸟儿，高原雪山脚下奔跑的羚羊，大海中戏水的鲸鱼等等，无不丰富了生命世界的底蕴，我们也才会时时处处在体验中获得“鸢飞鱼跃，道无不在”的生命的顿悟与喜悦。

因此，每当读到那些关于生命的故事，我的心中总会深切地感受到生命无法承受之重，如撒哈拉沙漠中，母骆驼为了使即将渴死的小骆驼喝到够不着的水潭里的水而纵身跳进了潭中；老羚羊们为了使小羚羊们逃生而一个接着一个跳向悬崖，因而能够使小羚羊在它们即将下坠的刹那以它们为跳板跳到对面的山头上去；一条鳝鱼在油锅中被煎煮时却始终弓起中间的身子，是为了保护腹中的小鳝鱼；一只母狼望着在猎人的陷阱中死去的小狼而在凄冷的月夜下呜咽嗥叫。其实，不仅仅只有人类才拥有生命神性的光辉。

有时候，我们敬畏生命，也是为了更爱人类自己，丰子恺曾劝告小孩子不要肆意用脚去踩蚂蚁，不要肆意用火或用水去残害蚂蚁，他认为自己那样做不仅仅出于怜悯之心，更是怕小孩子那一点点残忍心以后扩大开来，以致驾着飞机装着炸弹去轰炸无辜的平民。

确实，我们敬畏地球上的一切生命，不仅仅是因为人类有怜悯之心，更因为它们的命运就是人类的命运：当它们被杀害殆尽时，人类就像是最后的一块多米诺骨牌，接着倒下的也便是自己了。

敬畏生命，就要敬畏自然的生命，敬畏人类的生命，我必须以同等的敬畏来尊敬其他生命，毁灭、妨碍、阻止生命是极其恶劣的。敬畏生命，还要敬畏我们自己的生命。我、你、他，都是一个生命，生命的意愿是生存，在生命的中途，当我们的生命不经意受到摧残，但我们也要坚强地活着，活出质量、活出光彩，因为生命只有一次。

敬畏人生，就是微笑着去唱生命的歌谣。

史铁生，一位有着钢铁般的意志的作家。当他病痛缠身时，他咬紧牙关，撑过一个个痛苦的不眠之夜。当他被文学吸引时，他又是紧咬牙关，强忍着病痛，完成了一部部文学著作。当听见他说，死是一个不必急于求成的过程，死亡的日子必定会来临，不禁对他肃然起敬。他对人生的敬畏，竟已超过了生与死的界限。怀着对人生的敬畏，他在文坛中屹立着；怀着对生命的敬畏，他在病痛中支撑着；怀着对人生的敬畏，他微笑着去唱生命的歌谣。

敬畏人生，就是精彩地活着。

一个失去双臂的瘦弱的青年，用双脚去弹奏钢琴浪漫王子理查德·克莱德曼的经典曲目《梦中的婚礼》，所有的听众都沉浸在这个残疾青年所营造的缠绵悱恻、浪漫多情的音乐氛围中，去感悟人生与爱情的神圣和庄重。

这是东方卫视推出的人气挺旺的《中国达人秀》电视节目的一幕。这位失去双臂的青年叫刘伟，23岁的他没有双臂却能在黑白琴键上弹奏悦耳动听的旋律。这些天，他成了网络红人，短短3天内视频点击率就多达20余万次。在《中国达人秀》电视节目中，刘伟用双脚弹奏了一曲《梦中的婚礼》，打动所有观众。人们亲切地称他“无臂钢琴王子”。刘伟的一句：“我的人生只有两条路，要么赶紧死，要么精彩地活着！”感动了许许多多的中国人。

当我们看完这档电视节目后，我们不由得感慨万千，头脑里仍然还在回味着这位失去双臂的青年在用他的双脚去弹奏的《梦中的婚礼》以及他那感动许多人的话语。感觉他不是在演奏《梦中的婚礼》，而是在用心、用泪在弹奏着贝多芬的《命运交响曲》。这位残疾青年并不是什么英雄，也没什么惊天动地的事迹，但是却让我对他油然而生一种敬意，使得我对这一位被折断翅膀的钢琴王子那种无畏、充满激情的生命心存敬畏！当他不幸失去双臂的那一刻起，就面临生命中所不能承受之重，他曾经迷惘过、哭泣过、失望过，独自去品尝着生活的艰辛。他乐观地说：“我的人生只有两条路，要么赶紧死，要么精彩地活着!”他顽强不屈地与坎坷不平的命运作一场青春的博弈，在这场博弈中，刘伟无疑是胜利者，他告诉我们什么是乐观？什么是坚强？什么是人生的真谛？

我们不妨回过头来审视自己，我们虽然四肢健全，拥有体面的工作和显赫的职位，但是整天不思进取，只知道享乐，为了一点工作压力就怨天尤人。如果我们去听听这位钢琴王子的演奏，去细细地品味他的振聋发聩的青春的宣言，我们岂能不羞愧万分？

冰心说：“假如生命是乏味的，我怕有来生；假如生命是有趣的，我今生已是满足了。”这是冰心的对人生的感悟。而刘伟的人生感悟和冰心老人何其相似！难能可贵的是刘伟是用自己的顽强不屈的生命，体味出这能够感动许多人的话语。经历过生与死磨练、淬火的哲理是不朽的，我们没理由不用心、不用我们的耳朵去倾听这铮铮作响的人生哲理。

3. 敬畏自己

生命不卑微，自轻自贱要不得，要懂得敬畏自己。尽管你职务不高，地位也不高，薪水不多，但你和别人一样，都是平等的，没有什么不同。对任何人，都用一样的态度，而不必陷媚，不必刻意讨好。对任何人都不卑不亢，你就是你，你不比任何人矮一截，大家在人格上都是平等的。决不能自以卑微。

一个人贫穷点没关系，地位低些也没关系，这些都是外在的，是可以凭自己的努力改变的。或者说得极端些，不改变又怎么样呢？各人有各人的生活，只要不妨碍别人，不对不起别人，穷些苦些又怎么样呢？

自轻自贱的孪生兄弟，就是自卑，奥地利心理学家奥威尔在《自卑与人生》中说："自轻自贱的人，必定是自卑的人。或者说，自卑的人。必定是自轻自贱的人。"自卑就是拿别人的优点和自己的缺点作比较时得到的那种感觉，是一种自己感觉低人一等的惭愧、羞怯、畏缩，甚至灰心丧气的情绪。有自卑感的人，常常轻视自己，总认为自己无法赶上别人，并因此而苦恼。

其实，在现实生活中，我们也常看到这样的人，他们常因自己角色的卑微而否定自己的智慧，因自己地位的低下而放弃儿时的梦想，有时甚至为被人歧视而意志消沉，为不被人赏识而苦恼。其实，生命从不卑微，每一个生命都有其存在的独特价值。

一位高考失利的青年，感到十分失意，就骑着自行车在大堤上乱逛，一不留神，车子歪了下去，险些撞着一个坐在堤下的老人。在向老人表示了歉意后，他坐在了老人身边。那是一个春天的上午。阳光明媚，清风徐来。翠绿了，花开了，那些花儿，在远远近近的绿草间像星星一样闪烁。无数老人、孩子在草里徜徉，在花里度步。他们也像春天的阳光一样灿烂。只有这位青年是个例外。

那时候，失意就像春天的草一样在他的思想里蓬蓬勃勃。很久以来，他看见一片落叶便伤感，觉得自己也是一片落叶；他看见一片落花也伤感，觉得自己是一片落花；看见流水还是伤感，觉得自己的生命就在这平平淡淡中像水一样流逝了。

老人看了看身边的青年，跟他说起话来。老人说："年轻人，怎么这样无精打采呢?"年轻人当时手里正缠着一根草，在老人问过后，他举了举那根草说："我这辈子将像这根草一样平凡。"老人没作声，只是静静地看看他，在老人的注视下他说了起来，他说："我是一个很不幸的人，初中时因一场病休学一年。此后，学习成绩一直很差，勉强读了高中后，最后也没考上大学。"他又说："一个人连大学都没上过，毫无疑问是一个平凡的人，我这一辈子将在平凡中度过。但我不甘心，也不想成为一个平凡的人，我从小就立下志愿，一定要让自己的人生辉煌。”说到这里，他泪流满面，他心里装了太多的失意，那些失章像汹涌的洪水，终于找到了决口。这时老人开口说道：“你知道你手里拿的是什么草吗?”“不知道。”

“它是蒲公英。”“这就是蒲公英吗？我常在诗人笔下见到它，可它也很普通呀。”他说。“你没看见它开着花吗?”“看见了，一种小花，毫不起眼。”“是不起眼，但它也可以辉煌。”“在诗人的笔下?”“不。”老人摇了摇头，注视着他。

少顷，老人站了起来，跟他说：“我带你去一个地方吧。”他听从了老人的话，也站了起来，跟着老人沿着那条堤往远处走去，大约二十几分钟后，他看见了一个足以让他一生都为之震撼的景致：那是一块很大很大的河滩，有几十亩甚至上百亩大，整个河滩上全是蒲公英，无边无际。蒲公英开花，那些毫不起眼的白白的小花，在阳光下泛着粼粼波光，那样美，那样烂漫，那样妖娆，那样蔚为壮观，炫目辉煌。一朵小花，也可以这样辉煌吗？他们再没说话，就那样伫立着、伫立着。起风了，花儿轻轻地向他涌来。他心里一下子飘满了那些美丽的蒲公英，忽然觉得自己也是一朵蒲公英了！

从那以后，那漫无边际的蒲公英一直在他眼里烂漫着，他仿佛从那里看见了自己。他同时也深深懂得了平凡的人生也可能充满着不平凡这个道理。

也许你很平凡，也很普通，没有干出惊天动地的伟业，也不会在史册上永垂不朽，但是，你作为一个生命来到这世上，活着是种恩赐，每个人都是惟一，是不可复制不可再生更不容亵渎的。我们不需要仰视别人，我们要学会敬畏自己，因为我们拥有自己生命的海拔！

第 12 章

感 恩

感恩之心是人生幸福的情愫。如果我们每一个人都怀有一种不忘感恩之情，那我们的社会也会变得更加包容，更加和谐。

1. 感恩是一种精神财富

感恩可以温暖人的心灵、消除人与人之间的隔阂，给人以更多的包容；感恩还能够驱散寂寞、缓解痛苦，给人以更多的友情与温馨。感恩能使生活之中充满更多的欢乐与幸福，感恩能使人们得到更多的善意与宽容。

让我们每个人都学会真诚地感恩——感恩树木的葱茏，花草的芬芳；我们感恩清风的多情，雨水的滋润；我们感恩生命的伟大，生活的美好；我们感恩老师的教导，朋友的关爱；我们感恩父亲的坚强，母亲的辛劳……我们感恩我们所感受的一切！永远以一颗感恩的心，对待每一个日子，无论是风雨或是阳光，只要心存感恩就够了。岁月最大的赐予，便是使我们慢慢孕育出一颗珍珠般柔和的感恩的心！

让我们学会真诚地感恩——因为它是人生中一种享用不尽的精神财富，不论是对别人还是对自己。

有两个人好朋友在沙漠中行走，他们是很要好的朋友，在途中不知道什么原因，他们吵了一架，其中一个人打了另个人一巴掌，那个人很伤心很伤心，于是他就在沙里写道："今天我朋友打了我一巴掌"，写完后，他们继续行走，他们来到一块沼泽地里，那个人不小心踩到沼泽里面，另一个人不惜一切，拼了命地去救他，最后那个人得救，他很高兴，于是拿了一块石头，在上面写道："今天我朋友救了我一命"。朋友一头雾水，奇怪得问："为什么我打了你一巴掌，你把它写在沙里，而我救了你一命你却把它刻在石头上呢?"那个人笑了笑回答道："当别人对我有误会，或者有什么对我不好的事，就应该把它记在最容易遗忘最容易消失不见的地方，由风负责把它抹掉，而当朋友有恩与我，或者对我很好的话，就应该把它记在最不容易消失的地方，尽管风吹雨打也忘不了。"

感恩生活之中的每一分钟和每一份美好的赠与，你的胸怀就会宽阔起来，就会自然包容你身边的一草一花，一人一事，你的人生会更加多姿多彩。

感恩，是一个自己内心的独白，是一片肺腑之言，是一份铭心之感恩。感恩，不仅是一种心态，更是一种处世之道和做人的至高境界。

罗斯福总统就是常怀感恩之心的人。据说有一次家里失盗，被偷去了许多东西，一位朋友闻讯后，忙写信安慰他。罗斯福在回信中写道："亲爱的朋友，谢谢你来信安慰我，我现在很好，感谢上帝：因为第一，贼偷去的是我的东西，而没有伤害我的生命；第二，贼只偷去我部分东西，而不是全部；第三，最值得庆幸的是，做贼的是他，而不是我。”对任何一个人来说，失盗绝对是不幸的事，而罗斯福却找出了感恩的三条理由。

对于那些心存感激之人，其内心的灵魂一定是透着阳光与自然气息的人，必定是一个会享受生活、懂得珍惜生命的人，一定是一个胸中充满着诗意与激情的人。世界如此美妙，生命如此美好，我们还有何理由不去感恩造物主给了我们一次次经历的机会呢？

让我们感恩春天盛开的花朵，因为它让我们感受到了生命的生机与美丽。

让我们感恩秋天的落叶，因为它让我们领悟到了生命壮丽的回归。

感恩我们的朋友们，是他们让我们感受到了生活的美妙和友情的温馨，友情是我们心中的阳光，将忧郁、哀伤、懦弱、失望等浓重的阴影驱散。正是因为有了能够相知又相依的朋友，我们才感受到了人生的丰富多彩，才感受到了朋友是人生岁月里一道不可缺少的亮丽风景！

感恩我们的对手，在前进的道路上，是他们的一次次挑战，激发了我们求胜的决心与内在的智慧，使我们慢慢地学会了在克制和忍耐中的取胜之道；正是因为有了对手的存在，我们才会渴望改变自己“被猎者”的命运。

感恩当初曾经抛弃我们而去的恋人，是这一恋爱的过程让我们懂得了，爱是一门精致的生活艺术，从这门艺术中我们学会爱一个人就是让彼此之间感受到幸福与快乐……

让我们感恩人生之中的失败与挫折，是它们让自己看到了自身真正的力量不足和智慧的匮乏。感恩成功，是它让我们享受到了奋斗的快乐和幸福，享受到了耕耘播种后丰收的甜美。

2. 感恩是一种处世哲学

感恩之心是人生幸福的情愫。我们自身也会因为这种心理的存在，而变得愉快和幸福起来。

在法国一个偏僻的小镇，据传有一个特别灵验的甘泉，常会出现奇迹，可以医治各种疾病。

有一天，一个拄着拐杖，少了一条腿的退伍军人，一颠一跛的走过镇上的马路。旁边的镇民带着同情的口吻说："可怜的家伙，难道他要向上帝请求再有一条腿吗?"这一句话被退伍的军人听到了，他转过身对他们说："我不是要向上帝请求有一条新的腿，而是要请求他帮助我，教我没有一条腿后，也知道如何过日子。"

人生道路，曲折坎坷，不知有多少艰难险阻，甚至遭遇挫折和失败。在危困时刻，有人向你伸出温暖的双手，解除生活的困顿；有人为你指点迷津，让你明确前进的方向；甚至有人用肩膀、身躯把你擎起来，让你攀上人生的高峰……你最终战胜了苦难，扬帆远航，驶向光明幸福的彼岸。那么，你能不心存感激吗？你能不思回报吗？感恩的关键在于回报意识。回报，就是对哺育、培养、教导、指引、帮助、支持乃至救护自己的人心存感激，并通过自己十倍、百倍的付出，用实际行动予以报答。

"感恩"是个舶来词，"感恩"二字，牛津字典给的定义是："乐于把得到好处的感激呈现出来且回馈他人"。"感恩"是因为我们生活在这个世界上，一切的一切包括一草一木都对我们有恩情！

"感恩"是一种生活态度，是一种品德，是一片肺腑之言。如果人与人之间缺乏感恩之心，必然会导致人际关系的冷淡，所以，每个人都应该学会“感恩”，这对于现在的孩子来说尤其重要。因为，现在的孩子都是家庭的中心，他们只知有自己，不知爱别人。所以，要让他们学会“感恩”，其实就是让他们学会懂得尊重他人。对他人的帮助时时怀有感激之心，感恩教育让孩子知道，每个人都在享受着别人的付出给自己的快乐生活。当孩子们感谢他人的善行时，第一反应常常是今后自己也应该这样做，这就给孩子一种行为上的暗示，让他们从小知道爱别人、帮助别人。

“感恩”是一个人与生俱来的本性，是一个人不可磨灭的良知，也是现代社会成功人士健康性格的表现，一个人连感恩都不知晓的人必定是拥有一颗冷酷绝情的心。在人生的道路上，随时都会产生令人动容的感恩之事。且不说家庭中的，就是日常生活中、工作中、学习中所遇之事所遇之人给予的点点滴滴的关心与帮助，都值得我们用心去记恩，铭记那无私的人性之美和不图回报的惠助之恩。感恩不仅仅是为了报恩，因为有些恩泽是我们无法回报的，有些恩情更不是等量回报就能一笔还清的，惟有用纯真的心灵去感动去铭刻去永记，才能真正对得起给你恩惠的人。

“感恩”是尊重的基础。在道德价值的坐标体系中，坐标的原点是“我”，我与他人，我与社会，我与自然，一切的关系都是由主体“我”而发射。尊重是以自尊为起点，尊重他人、社会、自然、知识，在自己与他人、社会相互尊重以及对自然和谐共处中追求生命的意义，展现、发展自己独立人格。感恩是一切良好非智力因素的精神底色，感恩是学会做人的支点；感恩让世界这样多彩，感恩让我们如此美丽！

“感恩”之心是一种美好的感情，没有一颗感恩的心，孩子永远不能真正懂得孝敬父母、理解帮助他人，更不会主动地帮助别人。让孩子知道感谢爱自己、帮助自己的人，是德育教育中重要的一个内容，是创造他们未来幸福生活的基础，是构筑未来社会和谐发展的重要环节。

“感恩”是一种认同。这种认同应该是从我们的心灵里的一种认同。我们生活在大自然里，大自然给与我们的恩赐太多。没有大自然谁也活不下去，这是最简单的道理。对太阳的“感恩”，那是对温暖的领悟，对蓝天的“感恩”，那是我们对蓝得一无所有的纯净的一种认可。对草原的“感恩”，那是我们对“野火烧不尽，春风吹又生”的叹服。对大海的“感恩”，那是我们对兼收并蓄的一种倾听。

“感恩”是一种回报。我们从母亲的子宫里走出，而后母亲用乳汁将我们哺育。而更伟大的是母亲从不希望她得到什么。就像太阳每天都会把她的温暖给予我们，从不要求回报，但是我们必须明白“感恩”。

“感恩”是一种钦佩。这种钦佩应该是从我们血管里喷涌出的一种钦佩。

“感恩”之心，就是对世间所有人所有事物给予自己的帮助表示感激，铭记在心。

“感恩”之心，就是我们每个人生活中不可或缺的阳光雨露，一刻也不能少。无论你是何等的尊贵，或是怎样的看待卑微；无论你生活在何地何处，或是你有着怎样特别的生活经历，只要你胸中常常怀着一颗感恩的心，随之而来的，就必然会不断地涌动着诸如温暖、自信、坚定、善良等等这些美好的处世品格。自然而然地，你的生活中便有了一处处动人的风景。

“感恩”是一种对恩惠心存感激的表示，是每一位不忘他人恩情的人萦绕心间的情感。学会感恩，是为了擦亮蒙尘的心灵而不致麻木，学会感恩，是为了将无以为报的点滴付出永铭于心。譬如感恩于为我们的成长付出毕生心血的父母双亲。

“感恩”是一种处世哲学，是生活中的大智慧。感恩可以消解内心所有积怨，感恩可以涤荡世间一切尘埃。人生在世，不可能一帆风顺，种种失败、无奈都需要我们勇敢地面对、豁达地处理。

3. 感恩是一种品德修养

在中国，感恩戴德、知恩图报，是一种最起码的良知，而忘恩负义、恩将仇报，则是毋庸置疑的小人行径。但时至今日，“感恩”也不应再简单地理解为“对别人给予的帮助表示感激”，它既是一种品德修养，也是一种健康的心态和健全的人格，更是一种处世哲学，是生活中的大智慧。

美国人安东尼·罗宾年轻时只能在10平方米的单身公寓里栖身，生活一塌糊涂，人际关系恶劣，前途十分暗淡。但短短二十年时间，他却成为了拥有数亿资产的成功学大师。是什么力量让他走出困境，也让他取得了不可思议的成功呢？安东尼毫不隐讳地说：“成功的第一步就是存有一颗感恩之心。时时对自己的现状心存感激，同时也要对别人为你所做的一切怀有敬意和感激之情。所以我们要感恩父母，因为父母给予我们生命，并养育了我们，我们应尽儿女之责，善待父母、反哺父母；我们要感恩老师，因为在老师的教诲中我们一天天地长大，我们永远也不能忘记自己的恩师；我们要感恩朋友，因为在我们伤心时，朋友能倾听我们的倾诉，在困难时给我们一片希望，我们要珍惜这份友谊，在朋友需要我们的时候，伸出手来；我们还应感恩生活，是生活让我们懂得了什么是苦，什么是甜，教会了我们吃苦耐劳，让我们收获人生财富，一步步走向成熟……”

其实，大凡伟人、名人，大都具有感恩之心。满怀感激，孟郊写了《游子吟》，毛泽东写下了《给徐特立的一封信》，朱德写了《我的母亲》，朱自清写了《背影》，海轮·凯勒写了《我的老师》；满怀感激，李嘉诚成立了李嘉诚基金会，牛根生成立了老牛基金会，比尔·盖茨成立了比尔—梅琳达基金会……

俗话说：“受人滴水之恩，当以涌泉相报。”虽然我们可能做不到涌泉相报，但起码应该有报恩之心，有感激之情。不要把父母的养育视为当然，不要把老师的培养看作应该，不要把恋人的呵护当成自然。感恩是一种生活态度，是一片肺腑之言，也是一个人不可磨灭的良知。一个连感恩都不知晓的人，必定冷酷无情，必定会导致人际关系的冷淡。在人脉即一切的当今社会，这样的人，非但人生高度有限，而且很容易成为千夫所指，被社会抛弃。

几年前，湖北《楚天都市报》报道了一条“湖北5名贫困大学生受助不感恩被取消资格”的消息，原文如下：

受助一年多，没有主动给资助者打过一次电话、写过一封信，更没有一句感谢的话，襄樊5名受助大学生的冷漠，逐渐让资助者寒心。

8月中旬，襄樊市总工会、市女企业家协会联合举行的第九次“金秋助学”活动中，主办方宣布：5名贫困大学生被取消继续受助的资格。去年8月，襄樊市总工会与该市女企业家协会联合开展“金秋助学”活动，19位女企业家与22名贫困大学生结成帮扶对子，承诺4年内每人每年资助1000元至3000元不等。入学前，该市总工会给每名受助大学生及其家长发了一封信，希望他们抽空给资助者写封信，汇报一下学习生活情况。

但一年多来，部分受助大学生的表现令人失望，其中三分之二的人未给资助者写信，有一名男生倒是给资助者写过一封短信，但信中只是一个劲地强调其家庭如何困难，希望资助者再次慷慨解囊，通篇连个“谢谢”都没说，让资助者心里很不是滋味。

该市总工会再次组织女企业家们捐赠时，部分女企业家表示“不愿再资助无情贫困生”，结果22名贫困大学生中只有17人再度获得资助，共获善款4.5万元。

多年来为资助贫困生东奔西走、劳神费力的襄樊市总工会副主席周萍，为此十分尴尬，她感觉部分贫困生心理上“极度自尊又极度自卑”，缺乏一种正确对待他人和社会的“阳光心态”，有的学生竟自以为“成绩好，获资助是理所当然的”，缺乏起码的感恩之心……

要学会感恩。不知感恩，不会感恩，会令善行望而却步，整个社会也会变得冷漠、麻木。我们无法使他人都保有感恩之心，但我们应时时提醒自己知足、惜福，在人生的路上永远心存感恩。哪怕是为了我们自己。

站在佛学的角度，感恩则是一种无所不包的大情怀。净空法师说过：“感激伤害你的人，因为他磨练了你的心志；感谢欺骗你的人，因为他增进了你的见识；感恩批评你的人，因为他让你进步；感恩你的对手，因为他教导了你应进步……人生在世，不可能一帆风顺，种种无奈都需要我们勇敢地面对、旷达地处理。你感恩生活，生活必将赐予你灿烂的阳光。当你试着去感恩，你就会发现，感恩的理由谁都能找到许多，但不感恩的借口却只需一个。”

当代科学大师霍金在北京科学会堂做完学术报告后，一位女记者向他提问：“霍金先生，卢伽雷症将您永远固定在了轮椅上，您难道没有为自己失去太多而悲伤过吗?”

霍金吃力地敲出了以下几行字：

——我的手指还能活动；

——我的大脑还能思维；

——我有终生追求的理想；

——我有我爱的人和爱我的亲人和朋友；

——最重要的，我还有一颗感恩的心。

骤然间，会场上掌声如潮水。人们在震撼之余，恍然明白了一个道理：感恩之心是一个人生命不息奋斗不止的无穷动力！用感恩的眼光看人，你会发现世上还是好人多；用感恩的眼光看生活，你会发现生活并没有想像的那么坏；感恩生活、感恩世界，你自然也就远离了愤世嫉俗和愤愤不平……就让我们从现在开始感恩吧！感激阳光，感激空气，感激一草一木，因为它们都是我们的必需，却无一不是生活的赐予……

第13章

得失

人生在世，不如意事十之八九，总的来说无非是“得失”二字。得也不一定是好事；失也不见得是坏事。

1. 得勿喜，失勿悲

贫穷时渴望财富，寂寞时渴望爱情；年老时渴望青春，死亡前留恋生命；痛苦伴随着欢乐，健康与疾病同行；如有朝阳的升起，就有旭日的落下；若有天上的月圆，就有人间的月半；若生就男儿身，就失去女儿态；若得到了成熟，就失去了天真；拥有了喧嚣的城镇，就失去了寂静的山村……失去意味得到，在得到中也意味着失去。

有一个人，偶然在地上捡到一张千元大钞，他得到这笔意外之财以后，总是低着头走路，希望还能有这样的运气。

久而久之，低头走路成了他的一种生活习惯。若干年后，据他自己统计，总共拾到纽扣近四万颗，针四万多根，钱则仅有几百块，可是他却成了一个严重驼背的人，而且在过去的几年中，他没有好好地去欣赏落日的绮丽、幼童的欢颜、大地的鸟语花香。

得是乐，失是苦；但是有时得并非真乐，失亦非真苦。时机若已改变，得会转变为苦，失会转变为乐，失之东隅，收之桑榆。快乐不快乐由心而生，来自于得失之间。权衡好得失你就会找到快乐。

从前有一位富翁，名字叫愚翁。愚翁虽然非常有钱，却常常自怜，他可怜自己空有钱财，却从来没有体会过真正的快乐。

愚翁常常想："我有很多钱，可以买到许多东西，为什么买不到快乐呢？如果有一天我突然死了，留下一大堆钱又有什么用呢？不如把所有的钱拿来买快乐，如果能买到一次全然的快乐，我死也无憾了。"

于是，愚翁变卖了大部分家产，换成一小袋钻石，放在一个特制的锦囊中。他想："如果有人能给我一次纯粹的快乐，即使是一刹那，我也要把钻石送给他。"

愚翁开始旅行，到处询问："哪里可以买到快乐的秘方呢，什么才是纯粹的快乐呢？"

他的询问总是得不到满意的答案，因为人们的答案总是庸俗而相似的：

你如果有很多的金钱，就会快乐。

你如果有很大的权势，就会快乐。

你如果拥有的越多，就会快乐。

因为愚翁早就有了这些东西，却没有快乐，这使他更加疑惑："难道这个世界没有纯粹的快乐吗？"

有一天，愚翁听说在偏远的山村里有一位智者，无所不知，无所不通。

他就跑进村去找那位智者，智者正坐在一棵大树下闭目养神。

愚翁问智者："智者！人们都说你是无所不知的，请问在哪里可以买到快乐的秘方呢？"

"你为什么要买快乐的秘方呢？"智者问道。

愚翁说："因为我很有钱，可是很不快乐，我从未经历过纯粹的快乐，如果有人能让我体验一次，即使只是一刹那，我也愿意把全部的财产都送给他。"

智者说："我这里就有全然快乐的秘方，但是价格很昂贵，你准备了多少钱，可以让我看看吗？"

愚翁把怀里装满钻石的锦囊拿给智者，没有想到智者连看也不看，一把抓住锦囊，跳起来，就跑掉了。

愚翁大吃一惊，过了好一会儿才回过神来，大叫："抢劫了！救命呀！"可是在偏僻的山村根本没人听见，他只好死命地追赶智者。

他跑了很远的路，跑得满头大汗、全身发热，也没有发现智者的踪影，他绝望地跪倒在山崖边的大树下痛哭。没有想到费尽千辛万苦，花了几年的时间，不但没有买到快乐的秘方，大部分的钱财又被抢走了。

愚翁哭到声嘶力竭，当他站起来的时候，突然发现被抢走的锦囊就挂在大树的枝丫上。他取下锦囊，发现钻石都还在。一瞬间，一股难以言喻的、纯粹的快乐充满他的全身。

正当他陶醉在全然的快乐中时，躲在大树后面的智者走了出来，问他："你刚刚说，如果有人能让你体验一次全然的快乐，即使只是一刹那，你愿意送给他所有的财产，是真的吗？"

愚翁说："是真的！"

"刚刚你从树上拿回锦囊时，是不是体验到了全然的快乐呢？"智者又问。

“是呀！我刚刚体验了全然的快乐。”

智者说：“好了，现在你可以给我你所有的财产了。”

智者一边说一边从愚翁手中取过锦囊，扬长而去。

在失去中得到磨炼，在痛苦中得到成长。在人生当中，不要患得患失，这样你会得到许多的快乐。

2. 失之东隅，收之桑榆

人间三苦三乐，是我们常有的体验。

人间有三苦。一苦是，你得不到，所以你痛苦；二苦是，你付出了许多代价，得到了，却不过如此，所以你觉得痛苦；三苦是，你轻易放弃，后来却发现，原来它在你生命中是那么的重要，所以你觉得痛苦。

还好，人间有三乐，一乐是，你得到了，所以你快乐；二乐是，你付出了许多代价，最终得到了，但它是值得的，所以你快乐；三乐是，你很快地放弃没有必要的负担，所以你快乐。

人间三苦三乐，是我们常有的体验。许多人曾为得到的而快乐，也曾为失去的而难过。不少人曾付出许多的时间和精力追求功名利禄，最终是得到了，后来发现不过是如此。有人为了理想而付出了许多心力，但始终无怨无悔，因为它是值得的，另一些人，不重视曾拥有的亲情、友情、时间、机会、健康，等到无法挽救时，才发现原来它在自己的生命中是如此的重要。而有人能很快地放弃没有必要的贪心、竞争、嫉妒、仇恨，因而活得更自由自在。

让我们看下面一则故事：

有一个“黄金与木板”的故事：一艘船在海中突然开始下沉，船上的人开始惊慌。一位商人急忙用20公斤黄金，向一位木匠买下他手中的两片木板。船沉下之后，商人因为抱着木板而浮在海面上，木匠因为紧抱着20公斤的黄金，开始往海底下沉，但是木匠不愿放弃这20公斤黄金，因此连同黄金沉入海底丧了命。

黄金很有价值，但是对浮在海中的人却是一个很大的负担；而两片木板，在船上并无多大的价值，但是因为它能使人浮在海上得救，却有很大的价值。商人懂得情况的转变，他立刻放弃只有拖累而无帮助的黄金，而木匠因为贪财，原本很明显的情况巨变，却也视而不见，用救命的木板换了致命的黄金，并且在海中依然执迷不悟，为了黄金最终赔上性命。

由此可见，得有时是乐，失有时是苦，但是有时得并非真乐，失亦非真苦。时机若已改变，得会转变为苦，失会转变为乐，失之东隅，收之桑榆。居里夫人的一次“幸运失去”就是最好的说明。

1883年，天真烂漫的玛丽亚（居里夫人）中学毕业后，因家境贫寒无钱去巴黎上大学，只好到一个乡绅家里去当家庭教师。她与乡绅的大儿子卡西密尔相爱，在他俩计划结婚时，却遭到卡西密尔父母的反对。这两位老人深知玛丽亚生性聪明，品德端正。但是，贫穷的女教师怎么能与自己家庭的钱财和身份相配称？父亲大发雷霆，母亲几乎晕了过去，卡西密尔屈从了父母的意志。

失恋的痛苦折磨着玛丽亚，她曾有过“向尘世告别”的念头。玛丽亚毕竟不是平凡的女人，她除了个人的爱恋，还爱科学和自己的亲人。于是，她放下情缘，刻苦自学，并帮助当地贫苦农民的孩子学习。几年后，她又与卡西密尔进行了最后一次谈话，卡西密尔还是那样优柔寡断，她终于砍断了这根爱恋的绳索，去巴黎求学。她沉醉在科验之中，最终获得了诺贝尔奖，成为了举世瞩目的科学家。

情场上失意正是职场上得意，不要为失去而哭泣。居里夫人如果没有这次失去，她的人生将会是另一种写法，世界上就会少了一位伟大的科学家。失之东隅，收之桑榆。不要为失去而流泪，要知道失去还会有新的美好的东西等着你。

上帝对每一个人都是公平的。上帝若是关上了扇门，定会为你另开一扇窗！在情场上的失利，或许正是事业上另一个新巅峰的开始；在事业上收获或许在健康上失去。总之，不要计较这些得与失，要看得开，想得开，不为得失而烦恼，勿喜勿悲才能生活的更加快乐与幸福。

3. 舍与得

“舍得”二字看似简单，实则充满哲理与智慧，我国古人对此也有很多论述，像“吃亏是福”、“小不忍则乱大谋”，“鱼与熊掌不能兼得”等都是在阐述“舍”与“得”关系。《老子》中有句叫：“将欲夺之，必固与之。”意思是说，想夺取它，必先给与它，这就是先“舍”然后再“得”，我国古人几千年前就总结出这个道理。《道德经》中这种哲理的论述很全面，不懂得这个道理者，往往会处处碰壁。

“舍得”既是一种生活的哲学，更是一种做人的大智慧。舍与得就如水与火、天与地、阴与阳一样，是对立统一的矛盾概念，相辅相成，存于天地、存于人生、存于心间，存于微妙的细节，囊括了万物运行的所有机理。万事万物均在舍得之间，达到和谐，达到统一。要得便须舍，有舍才有得。

当然，我们并不否认，每个人都会有自己的欲望，对金钱、对名利、对情感。这没什么不好，欲望本来就是人的本性，也是推动社会进步的一种动力。但是，欲望又是一头难以驾驭的猛兽，它常常使我们对人生的舍与得难以把握，不是不及，便是过之，于是便产生了太多的悲剧；因此，我们只有真正把握了舍与得的尺度，才有可能获取开启人生成功之门的钥匙。要知道，百年的人生，只不过就是一舍一得的重复。

有个商人到一个小镇上卖鱼缸，虽然鱼缸的做工精细，造型也很独特，但还是无人问津。面对惨淡的经营状况，商人想到了一个办法。他在花鸟市场找到了一个卖金鱼的老头，以很低的价格向他订了500条小金鱼。老头很高兴，因为他在小镇卖金鱼多年，生意也一直很惨淡。商人带着老人来到了镇中心的一条水渠旁，让他把这五百条金鱼放进去。卖鱼的老人很迷惑，商人说："你尽管放吧，我不会少你一分钱的。"刚过半天，一条消息就传遍了小镇：小渠里，不可思议地有了一条条漂亮、活泼的小金鱼。镇上的人们争先恐后涌到渠边，许多人跳到渠里，小心翼翼地寻找和捕捉小金鱼。捕到鱼后就兴冲冲地去找着买鱼缸，而商人就把自己的摊位设在了河边。不管是捕到鱼的还是捕不到鱼的人都去抢购鱼缸，大家都兴奋地想：既然渠里有了金鱼，虽然自己今天没有捕到，但总有一天会捕到的，那么买鱼缸早晚能派上用场。

这个商人的生意一下了就火了，尽管他把售价抬了又抬，但他的几千个鱼缸还是很快就被人抢买一空。欣喜若狂的商人想，如果不是自己灵机一动在水渠里放进去区区500条小金鱼，自己的玻璃鱼缸不知要卖到何年何月呢？这就是舍得的智慧。有舍才会有得，只要不吝于付出，在付出的同时，我们便能腾出新的空间，容纳新的机会。

人生之中，有时我们拥有的内容太多太乱，我们的心思太复杂，负荷太沉重，烦恼太无绪，诱惑我们的事物太多，大大地妨碍我们，无形而深刻地损害我们。不懂得放弃的人，在生活中总将两眼盯在眼前的标杆上，一生就像腊月的浓雾，模糊不辨方向，就只管一路向前走，不思考，不回头，越走路越窄，最后不知不觉钻进了牛角尖，然后便一味地自怨自哀，自暴自弃。如果我们永远凭着过去生活的惯性，日常世故的经验，固守已经获得的功名利禄，想要获取所有的权钱职位，什么风头利益都要去争，什么样的生活方式都让我们眼花缭乱，什么朋友熟人都不愿得罪；我们会疲于应付，把很多时间和精力都花在无谓的纷争上。所以只有我们做到智慧的舍，才能得到有价值的东西。

第14章

从容

从容是一种对人生的透彻把握。不管是谁，只要能以从容的心态面对一切，必能摆脱是是非非、纷纷扰扰。

1. 平常心

不管你现在多么成功，也不管你现在是多么的失败，都要保持一颗平常心。拥有平常心的人，沉着冷静，脾气温和，似乎已超越世俗纷争，轻易不与人争斗。他们生活态度积极，有幽默感。他们总是以一种平静安然的态度来生活。

有这样一个故事：

有一天，有一个美国阔太太去巴黎旅游。她在巴黎市中心的花园里看见一个老头在专心致志地浇花剪草。他是那样的内行，那样勤恳操劳，他那一丝不苟的姿态，足以证明他是一个上等的园丁。这个阔太太有一座私人花园，她心想这个老头真是百里挑一的好园丁。在美国恐怕出很高的价钱也很难找到，今天既然碰到了，为什么不聘请他为自己服务呢？

于是她问那个老头，愿不愿意到美国去做她的园丁。她可以给他高于法国三倍的工资，还可以解决他的旅费和住宿。为了说服那个老头，她又把美国大大地吹嘘了一通，仿佛那里遍地是黄金，人人到了那里都可以发财。

“夫人，”那个老头静静地听完美国阔太太的话，非常礼貌地说道，“谢谢你的好意。但真是不巧，我现在还有一个职务在身，不能离开巴黎。”

“你统统辞掉吧！我会给你补偿的。你还有什么兼职？还是从事什么副业？送牛奶还是养鸡？”

“都不是，”老头微笑着说，“我希望人们在下次选举中不投我的票，我就好来接受您的美差。”

“什么？投票。你们法国人连选园丁都还要投票？”

“不是的，夫人。我的名字叫安里，我这个园丁现在还兼任着法国总统。”

堂堂的一国总统竟然在花园里勤恳地工作，并且以一个平凡人的身份对待骄傲的阔太太。这是安里的谦虚，亦是“宠辱不惊，看庭前花开花落；去留无意，望天上云卷云舒”的坦然。当你拥有了平常心时，你就会变得更从容。

亨利·基辛格是犹太人的后裔，他于1923年出生在德国菲尔市。1938年随父母移居美国。到了美国，亨利·基辛格一家要变成美国人那样，也并不是一件非常容易的事，语言、工作、学校，一切都是新的，不好办。亨利·基辛格的父亲发现自己原来在德国的学历到纽约后并不怎么吃香，只好凑合着当了一名办事员，这使他灰心丧气。

然而，母亲葆拉却能保持一颗平常心，尽管遭受如此巨大的打击。她仍能像往常一样保持着积极的心态。她总是对亨利·基辛格说："孩子，这些不幸没有什么大不了的。这都是上帝对我们的考验，我们不能因此而失去生活的信念。"这一点对亨利·基辛格的影响很大，以至于他在面对大多数失败和成功时都能保持从容。

智慧的母亲教会了儿子不论遇到什么挫折，都能够保持一颗平常心。基辛格做到了，所以他骄傲地走进了举世闻名的哈佛大学，并且成为伟大的外交家。

平和的心态，是能够经得起顺境与逆境的考验，得意时不忘形，失意时不在意；成功了，叮咛自己山外有山，楼外有楼；失败了，告诫自己，失败为成功之母，在哪儿跌倒了，提醒自己就从哪儿爬起。心无大喜，亦无大悲；没有大起，也没有大落，心静如水。

2. 不计较

不计较，会获得幸福的感觉；不计较，会打开一道爱的大门。

曾读过泰戈尔的《画家的报复》的一文，摘录到此，或许会有了更深的感悟：

一位画家在集市上卖画。不远处，前呼后拥地走来一位大臣的孩子，大臣在年轻时曾经把画家的父亲欺诈得心碎地死去。这孩子在画家的作品前流连忘返，并且选中了一幅，画家却匆匆地用一块布把它遮盖住，并声称这幅画不卖。

从此以后，这孩子因为心病而变得憔悴。最后，他父亲出面，表示愿意付出一笔高价。可是，画家宁愿把这幅画挂在自己画室的墙上，也不愿意出售。他阴沉着脸坐在画前，自言自语地说："这就是我的报复。"

每天早晨，画家都要画一幅他信奉的神像，这是他表示信仰的唯一方式。

可是现在，他觉得这些神像与他以前画的神像日渐相异。

这使他苦恼不已，他不停地寻找原因。然而有一天，他惊恐地丢下手中的画，跳了起来：他刚画好的神像的眼睛，竟然是那大臣的眼睛，而嘴唇也是那么的酷似！

他把画撕碎，并且高喊："我的报复已经回报到我的头上来了！"

这个故事告诉我们，一个人若心存报复，自己所受的伤害就会比对方更大。

许多心理学专家研究证实，报复心理非常有碍健康，高血压、心脏病、胃溃疡等疾病就是长期积怨和过度紧张造成的。

有一位好莱坞的女演员，失恋后，怨恨和报复心使她的面孔变得僵硬而多皱，她去找一位最有名的化妆师为她美容。这位化妆师深知她的心理状态，中肯地告诉她，"你如果不消除心中的怨和恨，我敢说全世界任何美容师都无法美化你的容貌。"

由此可见，报复的心理是一个无形的杀手，只有用不计较才能换来甜蜜的结果。

古时候有个叫陈嚣的人，与一个叫纪伯的人做邻居。有一天夜里，纪伯偷偷地把陈嚣家的篱笆拔起来，往后挪了挪。这事被陈嚣发现后；心想，你不就是想扩大点地盘吗，我满足你。他等纪伯走后，又把篱笆往后挪一丈。天亮后，纪伯发现自家的地盘又宽出了许多，知道是陈嚣在让他，他心中很惭愧，主动找上陈家，把多侵占的地统统还给了陈家。

无独有偶，《寓圃杂记》中记述了杨翥的两件小事，同样说明了包容的重要性。

有一天，杨的邻人丢失了一只鸡，指骂被姓杨的偷去了。家人告知杨翥，杨说："又不只我一家姓杨，随他骂去。"又一邻居，每遇下雨天，便将自家院中的积水排放进杨翥家中，使杨家深受脏污潮湿之苦。家人告诉杨翥，他却劝解家人："总是晴天干燥的时日多，下雨的日子少。"

久而久之，邻居们被杨翥的忍让所感动。有一年，一伙贼人密谋欲抢杨家的财宝。邻人们得知后，主动组织起来帮杨家守夜防贼，使杨家免去了这场灾祸。

生活中有许多事当忍则忍，能让则让。忍让和宽容不是怯懦胆小，而是关怀体谅。用老百姓的话说，不要太"事儿妈"，活简单点、活大度些。著名作家肖剑说："很多时候，让我们疲惫的并不是脚下的高山与漫长的旅途，而是自已鞋里的一粒微小沙砾。"对幸福来说，绝对是这样；幸福躲藏在每一件小事背后，关键看你是不是能忽略那些小事，直奔它们。

戴尔·卡耐基讲过这样一个的小故事：

我的姑妈伊迪丝和姑父弗兰克住在一栋被抵押的农庄里。那里的土质很坏，灌溉条件又差，收成也不好。他们的日子很艰难，每一个小钱都得省着用。可是伊迪丝姑妈却喜欢买一些窗帘和小饰物来装饰她的穷家，她曾向密苏里州马利维里的一家小杂货店赊过这些东西。

姑父弗兰克很担心他们的债务，而且不愿意欠债，所以他私下里告诉杂货店老板，不让他赊东西给我姑妈。我姑妈听说以后，怒气冲天——虽然这件事已经过去了将近50年，可直到现在她还在大发脾气。我曾经不止一次听她说起这件事。我最后一次见到她时，她将近

80岁了。我对她说：“伊迪丝姑妈，弗兰克姑父这样羞辱你确实不对；可是你有没有觉得，自从那件事发生之后，你差不多埋怨了半个世纪，是不是有点过分呢？”不管她承认与否，我的姑妈对这些不愉快的记忆所付出的代价实在太大了——她付出的是她自己内心的平静。

事实上，世界上绝大多数原本恩爱的夫妻分道扬镳，都是由于一些鸡毛蒜皮的小事。比如男人的拖鞋放得不正啦，女人的化妆品乱丢啦……生活都是由无数的小事组成的。影响我们心情的，也往往是一些非常微小的事情：例如，早上上班时遇到堵车，工作中被主管评批了一顿，回家后发现孩子正在看动画片没写作业……诸如此类，只要你生气，就有生不完的气，我们就会永远处在苦闷和气愤之中。所以，千万别斤斤计较那些烦人的小事！

哲学上有一个奥卡姆剃刀定律，简单说来就是我们在处理事情时，不要把事情人为地复杂化，对于那些无关紧要的细枝末节乃至累赘，必须无情地“剃除”。生活中，不论你面临什么问题，都应当这样问问自己：“什么是解决这个问题最简单、最直接的方法？我这样做是否有助于解决问题。还是会把问题更加复杂化？”剔除那些该剔除的东西，就像剔除我们的胡须，幸福未必到来，美满未必会来，但我们至少会活得精神点儿。

3. 淡然无极

“淡然无极而众美从之”，这是《庄子》中的名句，简单说来就是当一个人达到了淡然无极的境界，他就能感受生活中的诸般美好。人一生最大的敌人是自己，淡然无极就是对自我的觉悟。

从前，有个青年背着一个特大号的包袱，找到一位禅师，诉苦道：“大师，我是那样的孤独、痛苦和寂寞，为什么我爱的人不爱我？为什么我的才华得不到施展？为什么我找不到心中的目标？”

禅师没有回答，反而问他：“你的包袱真大，里面装的是什么？”

青年说：“里面装的是我跌倒时的痛苦，受伤后的哭泣，以及孤寂时的烦恼……”

“好了，你跟我来。”

禅师带青年来到河边，他们坐船过了河。上岸后，禅师说：“你扛着船跟我一起赶路，我带你去找你心中的目标。”

“什么？扛着船赶路！”青年大吃一惊：“船那么重，我扛得动吗？”

“不错，你扛不动它，”禅师微微一笑，说：“过河时，船对我们有用。但是过了河，我们就要放下船赶路。否则，它就会变成我们的包袱。痛苦、孤独、寂寞、泪水、压力，对我们来说并非一无是处，它们可以使我们的生命升华。但须臾不忘，就成了人生的包袱。放下吧！孩子，生命不能太负重！”

这个故事缘自佛教中“负筏而行”的典故：一个人遭遇了大洪水，他就地取材，用草木扎了一只筏子，顺利地登上了地势较高的彼岸，转危为安。他想：这个筏子真是太有用了，就这么丢了太可惜了，我不如背着它上路，以后再渡河就不用着急了……

很多人其实都在负筏而行，所不同的是，古人背负的是一个草木扎成的筏子，而现代人背负的则是一艘钢铁铸就的航空母舰。用佛祖的说法，这种做法非常愚蠢，这叫不懂得断爱。所谓“断爱”，就是割舍。割舍那不些不好的东西，不必要的东西，也要割舍那些好的东西。

事实上，越是“好东西”，越是害人。因为好东西容易让人留恋，爱不释手，甚至“舍命不舍财”。

“唐宋八大家”之一的柳宗元写过一篇《蝜蝂传》，蝜蝂是一种小虫子，生来喜欢背负东西。它一路前行，不论遇到什么总是抓取过来背在身上，因此没多久它就因负重过多累得走不动了。有人可怜它，替它去掉了背上的东西，可蝜蝂总是把那些东西再次背上。加上它们喜欢往高处爬，用尽力气也不肯罢休，结果只能疲累而死。

到今天，谁也见不着蝜蝂了，估计是累得绝了种。人类倒不至于像蝜蝂那么傻，但人总是要“前行”、“向上”的，但背着那么东西，你能走得了多远，飞得了多高？“好东西”也是为人类服务的，“好东西”多了，就是负担，就是“坏东西”。

很多人都听说过“羿射九日”的传说，事实上，历史上真的有一个名叫后羿的神箭手，虽不至于能射下太阳，但至少称得上百步穿杨。但就是后羿这样的神箭手，一旦背上了心灵的负担，也会发挥不出原来的水平。比如有一次，夏王让后羿射一个兽皮做的箭靶，并说：“射中目标就赏你一万两黄金；射不中目标就剥夺你拥有的封地。”后羿听了，顿时紧张起来，脸色一阵红一阵白，胸脯一起一伏，怎么也平静不下来。他拉开弓，连射两箭，连靶子的边儿都没挨上。夏王不解地问大臣这是何故，一个大臣解释说：“后羿平时射箭是百发百中的，今天他是被患得患失的情绪害了。大王定下的赏罚条件成了他的包袱，所以，他的表现很不正常。如果人们能够排除患得患失的情绪，把厚赏重罚置之度外，再加上刻苦训练，那么，普天下的人都不会比后羿差的。”

哲学家邱斯顿说过：“天使之所以能够飞翔，是因为他们有着轻盈的人生态度。”好东西之所以被称为好东西，就在于它们不容易得到，很容易失去。古人云：三十年河东，三十年河西，现代人则是睡一觉没准就到了河对岸：股市跌了，账号空了！至于人生的不如意，尤其是厄运，伴随着社会的进步也在进步，至少在古代没有今天这么多车祸。古人没有现在人生活水平高，但除了担心地里的庄稼基本上什么都不用担心，而现在人担心的事情至少可以列满一张 A4 纸：孩子上学、自己防老、明天的策划方案、下月的升迁、半年后的竞赛、家里的蟑螂、市场上的猪肉、中东的石油、澳大利亚的铁矿石、美国与俄罗斯的核武器……

人们说“生容易、活容易，生活不容易”，是有充分的道理的。但还是那句话，你不能跟生活讲道理，你只能学着看轻生活，看淡那些让你烦恼的东西。

那么淡然是什么？无极又是什么？不要指望那部失败的电影，答案永远都在我们自己心中。所谓淡然，就是淡泊一切名利，看开、放下，而无极就是终极、最高境界的意思。

应该说，让所有人达到淡然无极的境界是不现实的，大家也没必要都达到无极的境界。水往低处流，人往高处走，我们随着大流，随着时代往高处走就是了，但是有一点，不要把别人的高度当成你的高度，达不到自己的高度也不要烦，不要恼，要学会望望脚下，你比以前高多了。

第15章

变 通

转换思维可以跨越生命中的很多障碍。

1. 过于耿直会四处碰壁

邓肯是美国19世纪最富传奇色彩的女性，她小时候耿直纯真，坦率得出奇。有一年圣诞节，学校举行庆祝大会，老师一边分糖果，一边说："小朋友们，这是圣诞老人给你们带来的礼物……"邓肯听到后马上站起来，一本正经地说，"骗人！世界上根本没有圣诞老人。"老师很生气，但还是压住心中的怒火，改口说："相信圣诞老人的乖女孩才能得到糖果。""我才不稀罕糖果。"邓肯回答。结果老师勃然大怒，不仅没给她糖果，还让她在教室外站了一堂课。

看完这个故事，很多人可能会奇怪：不对啊，美国人不是最欣赏直接、坦率、敢于表达自己的观点的人吗？不错，但美国人也是人，是人就有人性的弱点，而人性最普遍的弱点之一就是讨厌和自己对着干的人，而不论那些人的言行是否正确，是否符合真理。

毫无疑问，邓肯式的耿直是一种本质上的人性优点。在现实生活中，性情耿直、说话耿直、做事耿直的人，也大多是不折不扣的卫道者，是正义感的代言人，是最值得结交的对象。然而，人世间的事情往往就这么矛盾：这些最值得结交的人，往往成为众矢之的；那些毫无疑问的真话、最值得听取的忠言，往往为他们带来麻烦，甚至直接导致不幸。

然而这并不是说，耿直就一定是幸福的天敌。道德与幸福从来都不矛盾，掌握好两者之间的平衡，需要必要的智慧和技巧。性情耿直，尤其是过于耿直者，往往不知迂回变通。用老百姓的话说，就是“不撞南墙不回头，撞了南墙也不回头”，精神固然可嘉，但绝不值得效法。

“耿直”是绝对的褒义词，但耿直得过了头，就是“倔强”和“不近人情”。耿介刚直的性格，决定了性情耿直者见不得邪恶，容不下龌龊，甚至到了眼里不揉一粒砂的地步，无论如何，都要坚持自己的立场和观点，且毫无策略，甚至干脆就不屑于采取任何策略，这就直接决定了他们多舛的命运。民间所谓的“好人无长命，祸害贻千年”大概就是据此而来。

哲学家说，存在的即是合理的。从一定程度上来说，这种“好话不受欢迎、好人不得幸福”的社会现象，绝非一己之力甚至其他力量所能改变的。无论社会发展到什么程度，人性的弱点终究会普遍存在。我们必须在正视这一现实的基础上，努力做个智慧型的好人，而不是令时人与后世唏嘘的殉道者。

我们并不反对耿直，但耿直是把双刃剑。把握不好其中的尺度，就会走向极端，与现实社会格格不入，乃至水火不容。一旦到了这种程度，就是绝对的人格缺陷。海瑞是不是耿直？史书上记载他居然为维护清名，狠心逼死了自己的幼女，原因则是女儿私自接受了一位男子的一块饼。这与其说是耿直，不如说是冷酷、迂腐。而用明代思想家李贽的话说，海瑞“如万年青草，可以傲霜雪，但不可充栋梁”，因为他虽有原则，却没器量；虽有操守，但太教条；虽有政德，却无政绩，真可谓入木三分。

耿直有时候等同于强硬，而强硬的另一面则是脆弱。古人云：“兵强则灭，木强则折。”一个人过于耿直、强硬，几乎等同于跟自己的幸福过不去。

当然，一味地圆滑也不可取。社会的正常运转，离不开耿直的人。但一股脑儿的耿直并不可取。耿直固然可贵，但也要看时机、看场合、看对象。

唐太宗李世民与魏征的故事最能说明问题。魏征本是太子李建成的臣子，“玄武门之变”后，很多太子党成员都被或剿灭或打压，唯独魏征因其耿直的品性深得李世民的赞赏，没被牵连，反而因祸得福。此后他与李世民相处17年，提出了很多宝贵建议。魏征去世后，李世民感慨道：“夫以铜为镜，可以正衣冠；以古为镜，可以知兴替；以人为镜，可以明得失。朕常保此三镜，以防己过。今魏征殂逝，遂亡一镜矣。”这恐怕是历代大臣中所享受的最大的哀荣了。然而鲜为人知的是，到晚年，唐太宗竟然派人将魏征的墓碑砸毁，只差没有掘墓鞭尸。

究其原因，也不外乎魏征生前总是面折廷诤，往往弄得李世民面红耳赤，下不了台，甚至到了难以忍受的程度。可见，即使是为了别人好，即使对方是像唐太宗那样的“贤君”，也不能像魏征那样一味地耿直。

都说性格决定命运，其实性格也是可以修炼、优化的。而耿直的人，最需要的就是多些变通。所谓“世事洞明皆学问，人情练达即文章”，为了自己的幸福，耿直型性格的人在为人处世方面还是应该讲究一些策略和艺术。对于原则性问题，必须坚持，但也应该是智慧型的坚持，而不是毫无策略的那种，而对于一些无伤大雅的小事，不影响大局的小节，不妨装点糊涂，这样既能使自己的人生少些磕磕碰碰，也有利于团结，减少内耗，实现自我与团队的和谐发展。

2. 成功的路不仅是一条

成功的路不仅仅是一条。当失败降临的时候，也是我们最应该感到庆幸的时候，因为我们结束了一条不可能走向成功的路，从而回到了正确的轨道上来。

成功是一条一直向前的道路，但在这条道路上，不但会有曲折，还会有很多岔路。有的时候，我们会一不小心偏离大路走进岔路，并在岔路中徘徊不前，这时就需要一个人、一件事、一次挫折或失败来告诉我们此路不通，让我们重新回到正确的道路上来。

在人类文学宝库当中，有这样两颗璀璨的明珠，它们的产生都是极其偶然的。这两部名著的作者都是在一条路上被上帝关了门的人，但当他们转投到文学的道路上来时，却取得了令人惊叹的成就。

1900年11月8日，码格丽特·米切尔出生于美国佐治亚州亚特兰大市，青年的她曾就读于华盛顿神学院、马萨诸塞州的史密斯学院。1922—1926年间，她就职于当地的一家名为《亚特兰大日报》的报纸，成了一名记者。

在此期间，她还与一名同事组成了自己的家庭，过上了幸福的家庭生活。但厄运却突然降临了，现实婚姻的失败让米切尔身心疲惫，而后来，她又遭受到了一场严重的事故，导致腿部重伤，为此她不得不告别记者的岗位每天躺在床上，要靠第二任丈夫约翰的照顾才能生活。

躺在病床上的米切尔沮丧无比，她觉得自己的人生结束了，自己为之奋斗并且深爱的事业就这样抛弃了自己，为此她经常会做出歇斯底里的事情。看着妻子如此痛苦，丈夫约翰终于忍不住了："够了！不过是不能再采访而已，你能做的事情还很多，你不是喜欢写作吗？现在，不正好有时间让你去完成这一梦想吗？你为什么不试着写些什么呢?"

听了丈夫的话，米切尔开始醒悟，从此她的生活中没有了抱怨和沮丧，她把所有的精力全部放在了写作上面。在丈夫的鼓励下，米切尔用10年时间完成了她的巨著《飘》。《飘》的出版使米切尔几乎在一夜之间就变成了当时美国文坛的名人，她从一个被命运抛弃了的人变成了亚特兰大人人皆知的"女英雄"。

1848年的某日，在海关工作的霍桑垂头丧气地回到家里，一屁股坐在沙发上一言不发，呆呆地看着墙壁。

这时妻子走过来向他询问道："亲爱的，你怎么了?"看着妻子关注的双眼，霍桑变得支吾了起来，吞吞吐吐地说，"我被解雇了。"说完这话，霍桑低下了头，他不敢去看妻子那双责备和失望的眼神。但出乎他意料的是，他的妻子非但没有任何责怪的意思，反而高兴地叫了起来："太好了!"

霍桑顿时感到无比惊讶，诧异地问："你怎么了"？妻子面带喜色地对他说："我为你高兴啊，因为你不总是想要从事写作而没有时间吗，现在，你终于有时间可以写作了!""那我们靠什么吃饭呢?"霍桑问道。

妻子带着几分神秘乐滋滋地从衣柜里拿出了一个钱包说："我知道你喜欢写作，我敢肯定你有一天完全可以写出一部杰作，所以，我从每周的生活费中留出一些存起来，现在我们可以先用这些钱过一段日子。"

在妻子的鼓励下，霍桑开始了自己的写作之路，并越走越远，终于他创作出了被看做是美国文学史上的最伟大的作品之一的《红字》，并因此享誉世界。

米切尔是被命运拒绝了的人，霍桑也是，但二者却在上帝为他们打开的另一条道路上走出了属于他们别样的风采。

有的时候，我们面对失败和挫折会很沮丧，尤其是在已经有成功的先例摆在我们面前的时候，我们就会更加愤恨，慨叹上天为何如此不公平，但真实的情况是，每个人都有属于自己的不同道路，一条适合很多人的道路却未必适合每一个人。因此，有的时候，上天让我们失败恰恰就是想给我们一条不同于他人的成功之路。

3. 执着好，也不好

清末大学者王国维有一个著名的"人生三境界"理论：

第一重境界："昨夜西风凋碧树。独上高楼，望尽天涯路。"这句词出自晏殊的《蝶恋花》，大意是说，"我"独自一人登上高楼眺望远处的萧飒秋景，西风黄叶，山阔水长，前途渺渺，希望何在？王国维则将此句解释成"做学问、成大事业者，首先要有执着的追求，登高望远，瞰察路径，明确目标与方向，了解事物的概貌。"

第二重境界："衣带渐宽终不悔，为伊消得人憔悴。"这句出自北宋柳永《蝶恋花》，原意表达作者对爱的艰辛和爱的无悔。若把"伊"字理解为词人所追求的理想和毕生从事的事业，亦无不可。王国维则别有用心，以此两句来比喻成大事业、大学问者，不是轻而易举，随便可得的，必须坚定不移，经过一番辛勤努力，废寝忘食，孜孜以求，直至人瘦带宽也不后悔。"

第三重境界："众里寻他千百度，蓦然回首，那人却在，灯火阑珊处。"这句出自南宋辛弃疾的《青玉案》。王国维认为，此即为人生最终、最高境界。这虽不是辛弃疾的原意，但也可以引出悠悠的远意，做学问、成大事业者，要达到第三重境界，必须有执着、专注的精神，反复追寻、研究，下足功夫，方能豁然贯通，有所发现。"

上述三重境界，无疑都需要执着的精神。王国维如果不执着，也成不了中国历史上公认的最后一位学贯中西、博古通今的大学者。据史料记载，从1902年开始的大约十几年时间里，王国维几度与世隔绝，全身心地研究甲骨文、金文和汉简。可以说，正是执着成就了王国维。

执着，要看值不值得。如果不值得，就没必要执着。否则就是执迷。而生活中有些人却是只顾低头拉车，不顾抬头看路，拉来拉去拉出一个现代版的南辕北辙。大方向都错了，越执着岂不是离目标越远？

执着是优点，也是缺点。执着的人，一般都比较有毅力、有耐心，耐得住寂寞，受得了委屈，敢担当，敢挑战，但执着的人也最容易犯"一根筋"的毛病。其实条条大路通罗马，我们需要学会变通，钻什么都行，千万不要钻牛角尖。有时候，只需换个角度看问题，换种方式思考问题，就能找到解决方法。

但变通也解决不了所有的问题。比如女友不爱你了，无论你做什么，她都不领情，不理你，那样的话，不论我们多么执着，多么坚持，也改变不了即定事实，这时候就应该学会放手，学会去找一个爱我们的人。明明知道执着等待也等不来功德圆满的一天，还要苦苦追寻，继续付出，搞什么“除却巫山不是云”，到头来不仅自讨没趣，伤上加伤，还会错失好机缘。

有这样一个故事：

两个贫苦的樵夫靠着上山捡柴糊口，有一天他们在山里发现两大包棉花，俩人喜出望外，棉花价格高过柴薪数倍，将这两包棉花卖掉，足以供家人一个月衣食。当下俩人各自背了一包棉花，便欲赶路回家。

走着走着，其中一名樵夫眼尖，看到山路上扔着一大捆布，走近细看，竟是上等的细麻布，足足有十多匹之多。他欣喜之余，和同伴商量，一同放下背负的棉花，改背麻布回家。

他的同伴却有不同的看法，认为自己背着棉花已走了一大段路，到了这里丢下棉花，岂不枉费自己先前的辛苦，坚持不愿换麻布。先前发现麻布的樵夫屡劝同伴不听，只得自己竭尽所能地背起麻布，继续前进。

又走了一段路后，背麻布的樵夫望见林中闪闪发光，待走近一看，地上竟然散落着数坛黄金，心想这下真的发财了，赶快邀同伴放下肩头的麻布及棉花，改用挑柴的扁担挑黄金。

他的同伴仍是那套不愿丢下棉花，以免枉费辛苦的论调；并且怀疑那些黄金不是真的，劝他不要白费力气，免得到头来一场空欢喜。

发现黄金的樵夫只好自己挑了两坛黄金，和背棉花的伙伴赶路回家。

走到山下时，无缘无故下了一场大雨，俩人在空旷处被淋了个湿透。更不幸的是，背棉花的樵夫背上的大包棉花，吸饱了雨水，重得完全无法再背，那樵夫不得已，只能丢下一路辛苦舍不得放弃的棉花。空着手和挑金的同伴回家去。

对一件事情的努力而执着是对的。但是，太过于执着，就是固执！在很多时候，我们要学会放弃固执，变通行事，不要走极端。

第16章

成 败

是非成败，转头空，青山依旧在，几度夕阳红。

1. 成也好，败也罢

周树忠告诫大家，“人生其实无所谓成功还是失败，我们其实都在通往成功的路上。因为我们来到这世界就是一种成功。孩子们，乐观地设想，悲观地计划，愉快地执行，尽管纵身一跃，因为天空才是你的极限。”

季羡林先生曾经说道：“信缘分与不信缘分，对人的心情影响是不一样的。信者，胜可以做到不骄，败可以做到不馁；绝不至于胜则忘乎所以，败则怨天尤人。”因此，对于那些希望渺茫的事，我们尽量要用“尽人事，听天命”来告慰自己，也只有这样，在成功与失败之间，我们才能够始终保持一种平静、淡定的心态。

诸葛亮一生的志愿与刘备一致，那就是“兴复汉室”，因而他在刘备的手下一展所长，一步步地向着这个终极目标迈进。他统帅三军，运筹帷幄，攻无不克，战无不胜，帮助刘备建立了蜀汉政权，完成了三分天下的局面。

这个时候，已经到了兴复汉室的关键时刻，因此，诸葛亮殚精竭虑，为的就是增强蜀国的力量，为讨伐曹魏作准备。然而，刘备轻易与孙权开战，最终失败，导致蜀汉元气大伤，诸葛亮不得不推迟攻伐之事。

但是岁月不饶人，年纪渐高的诸葛亮自知再不出兵，就永无希望“兴复汉室”了。因此，他虽知以当时蜀国的国力不足以战胜曹魏，但是还是毅然出兵。有一次，诸葛亮用计火烧司马父子，眼看司马大军就要覆灭，一场大雨忽然冲刷下来，救活了司马父子。诸葛亮只能仰天长叹：“谋事在人，成事在天！”

为了完成“兴复汉室”的志愿，诸葛亮六出祁连山，每一次都计划周详，可是最终都会出现一些意想不到的插曲，结果导致每一次都无功而返，最终死于军中。诸葛亮虽志愿未竟，但却流芳千古，只因他为了达成自己的志愿付出了最大的努力。

天道有常，不以尧兴，不因纣亡。有些人却总能得到上天的眷顾，而有些人却一生时运不济。作为后者，固然是比较悲哀的，但如果因此就陷入沉重的沮丧之中，从而浪费了人生，那才是最悲哀的。

当我们的奋斗不能换来想要的结果时，我们应该保持冷静，以包容之心看待这一切。事情能否成功，努不努力不是唯一的条件，因此我们只要把事做好就可以了。至于是胜还是败，是成还是不成，那就不要太在意了，淡定一点，超然一点，才是真正睿智的生活之道。

所谓的“我命由我不由天”，指的只是一种应有的生活态度，但老天何曾顾及过人类的态度呢？谁喜欢地震？但它说来就来了；谁喜欢车祸，但它一而再再而三的来；谁喜欢绝症？但它来了说什么也不走……在老天面前，人类往往只有被动接受的份儿，其反抗的力量和效果也往往微乎其微。

欲望不是个好东西，但也不是绝对的坏东西。没有点儿欲望的人，基本上等同于不求上进的人。圣人孔子、孟子、墨子等等，都有欲望，当然人们宁愿把它叫作理想。

中国古话说："尽人事而听天命。"首先必须"尽人事"，否则馅饼决不会自己从天上落到你嘴里来。但又必须"听天命"。人世间，波诡云谲，因果错综。只有能做到"尽人事而听天命"，一个人才能淡定地面对结果，永远保持心情的平衡。

人生的残酷性就在于它不以谁努力而定输赢，而欲望的残酷则在于它总是不遗余力地推着人们前行，一旦人们因为种种原因不得不停下脚步或者稍有退步，欲望便会幸灾乐祸地嘲弄我们，甚至落井下石，让我们深深陷入比失败本身更痛苦的失落。

人们常说，希望越大，失望越大。但其实却是，欲望越大，失望越大。别让欲望在希望的田野上纵横驰奔，它会毁灭你每一株幸福的幼苗。欲望没那么大，失望也就没那么大。

古人有诗曰："身似青山气似云，也曾富贵也曾贫。时运未至君莫笑，太公也做钓鱼人。"有些人对此不屑一顾，有什么时运，努力就是了，但光有努力远远不够，你还得会做人，至少得有一颗能承受的心。君不见，有些人天资聪颖、勤学苦修，却始终被排斥在"圈子"之外，穷困潦倒，"混"得还不如普通人；有些人平庸无才，只因投胎投得好，便轻易攫取财富、权利和荣誉。《汉书》上也说："天行有常，不以尧兴，不以桀亡。"同样，上天也绝不会因为某一个人努力就一定让他成功，当然它更不会因为一个人有想得到某物的欲望而让他得到。

从一定程度上说，努力只意味着成功的几率比那些不努力的人稍大。但从另一个角度来说，努力本身就是成功。至于有人为不能得到而痛苦，主要还在于他不能控制自己的欲望。或者说，他的出发点和所有动机都是为满足欲望，而不是追求自我完善。

人生如浮萍，我们既不能随波逐流，又必须顺着水流向彼岸荡漾，这一个奋力、拼搏、改变命运的过程，也是一个无法预知的过程，或许只是一个小小的浪花，就能把我们推向未知世界；或许只是一个小小的漩涡，就能把我们打翻。对此，我们只能坦然面对，用努力去改变那些可以改变的事情，用包容的胸怀接纳那些无法改变的事实。“命里有时终须有，命里无时莫强求”，人生在世，只要尽心尽力，尽本分尽良心去做就是，至于做到什么程度，其实并不太重要。

我们常说，“有耕耘就有收获。”这句话需要辩证地去看待。大旱、洪水、蝗灾……大自然随时都有可能让我们颗粒无收，但我们又不能因为有可能发生自然灾害就不播种，毕竟，还是丰收的年景多。

2. 增强挫折容忍力

我们都希望生活一帆风顺，撒满阳光，但对于大多数人来说，这似乎是一种奢望。我们总会遇到大大小小的矛盾、挫折、冲突和不如意的事，诸如失业、失学、失恋等等。这些又会引起心理上的疾患，如失意、失望等，真是“怎一个失字了得”！然而人的一生又怎能因一两次的成败而定性呢？电灯的发明是经过 999 次的失败与第 1000 次的成功而诞生的，于是才成就了爱迪生的伟大。所以没有永远的“失败者”，当然也不会有永远的“成功者”。“成功者”也会经历失败的阴霾，“失败者”也有重见阳光的那一刻。

举个例子来讲，现在创新工场的CEO——李开复老师，曾经在给一群高智商的高中生讲课的时候，得到“开复剧场”的绰号，其中还包含着很多批评。但他并没有选择去贬低学生，而是选择认真反省，学习如何改变这种状况。最终的结果，他取得了授课的成功，成为了一名称职的老师。如今，他的演讲也是场场爆满，听过的人都感到受益颇多。

失败是一所学校，只有经历了挫折才能积累经验、教训才能走向成功。挫折并不可怕，也不可恨，关键是要能走出失败的阴影，那怎样才能走出失败的阴影呢？

1. 将挫折作为人生的新起点

俗话说：人道谁无烦恼，风来浪也白头。法国的拿破仑也说过：“人生的成功不是没有失败的记录，而是能够屡败屡战。”所以失败并不可怕，失败后的态度与举动才会决定你今后的一切。

清朝有名的大臣曾国藩，开始带领湘军镇压太平军，可是由于战略战术不对，经常被打得大败，有次竟然全军覆没，曾国藩急得要跳河自尽。幸亏有人拉住了他，同时，将给皇帝奏章上的“屡战屡败”改为“屡败屡战”。皇帝看到奏章，大大地嘉奖了曾国藩，曾国藩也从那个奏章上看到了希望，从此改变态度，最终打败了太平军，成为一代中兴重臣。试想，如果曾国藩当时就跳河自尽，历史还会记住他吗？

许多时候，正是我们刹那间的念头，决定了我们的人生。面对挫折，勇敢跳过去，人生将别有一番洞天。

2. 增强挫折容忍力

挫折容忍力是一个人在面对逆境或遭受打击后，能摆脱不良情绪的影响，使心理保持正常的能力。挫折容忍力强，能够在逆境中掌稳前进的舵，以笑脸来迎接周围发生的一切。对挫折容忍力的强弱，一定程度上取决于人的生活经历和社会阅历。经历过艰难困苦的人，对于挫折的承受力相对较强。正如俗话所说："曾经沧海难为水。"增强挫折容忍力要求锻炼好身体，多参加社会活动，提高自己的文化素质，完善个性。

3. 多增加成功的体验

一个人如果经常遭到挫折，对自己的信心就会减弱。若多发扬自己的优点，在自己力所能及的范围内积极取得成功体验，能够增强自信心，战胜挫折。

4. 找别人倾诉，丢掉心理包袱

有位哲人曾经说：我有一个苹果，你有一个苹果，我们彼此交换，我们每人还是只有一个苹果；你有一种思想，我有一种思想，我们彼此交换，我们每人就有两种思想。同样的道理，你有一份快乐，我有一份快乐，我们彼此交换，我们每人就有两份快乐。但是。你把你的悲伤倾诉给另外的一个人，你就只有 1/2 份的忧伤。切记，不要把挫折和悲伤埋藏在自己的心中，这样，只会让自己越来越忧郁，越不可能走出挫折的阴影，只能让你越来越悲伤。

3. 今天的失败，明天的成功

失败中潜伏着成功的机会。关键在于如何看待失败，如何把失败转化为成功，把灾难转化为成就。

有两个小故事：

楚共王患病，把大夫们召集到身边，说："我没有德行，从很小的时候便开始主持国政，却不能发扬前代君王的余威，使楚国吃了败仗，这是我的罪过啊。如果祖宗保佑，使我能寿终正寝，我请求你们给我加上'灵'或者'厉'的谥号。"大夫们答应了他。待到楚共王死了之后，大夫子囊说："不能那样做。因为侍奉国君，应该听从他正确的命令而不服从他的错误。楚国是威名赫赫的大国，自从大王君临朝政之后，对南方诸国或安抚或征伐，使之归顺，制服中原华夏诸国，可见受上天的恩宠非常大。有这么大的恩宠，却能自知其过，难道不可以谥为'共'吗?"大夫们采纳了子囊的意见。

三国时魏的将军王昶、陈泰打了败仗，大将军司马懿却主动承担责任。习凿齿说："司马大将军把两次失败的责任都自己承担起来，不仅消除了过错，而且使功业更加昌盛，真明智啊。人民不计较他的失败却想为他效力，即使不想事业昌盛，都不可能。假如他们讳言失败，推脱责任，归咎于他人，就会使上下离心离德，众叛亲离，一错而再错。假如国君能够明白这个道理，即使行动失败了，但美名却可扬遍天下，军事上虽受了挫折，但战略上却取得了胜利，即使打了多次败仗也关系不大，何况只打了两次败仗呢?"这就是失败了反而成功的道理。

由上面的故事可知，明智的人办事往往因祸而得福，转败而为胜，自古以来就是这样。

白起为秦国坑杀了赵国降卒四十多万，使各诸侯国认为泰国太残暴，因而结成了合纵联盟一致抗秦。所以坑杀赵国降卒，并不是秦国的胜利，而是埋下了失败的种子。商鞅使用欺诈的手段，俘获了魏国统帅公于印，使秦国的信用被天下人所怀疑，这是失败的先兆，不是取得霸业的方法。乐毅用信义取得齐国七十余城，却在即墨被打败，这不是失败，而是显示出并吞天下的势头。刘备可怜那些归顺了自己的百姓，每天只走十几里路，最后被曹兵赶上，在长坂吃了败仗，尽管逃亡之中也不抛弃百姓，这是后来称霸西蜀的开端。

由此可看出，成大事者善于利用败势取胜。

第 17 章

知 足

有位哲人曾说："人之所以痛苦，不是因为拥有的太少，而是想要的太多。"

1. 珍惜拥有的

艾迪·雷肯贝克和他的同伴一起在救生筏上，无望地漂流在太平洋中达 21 天之久。当他们被救起来之后，有人问他："这次惊险的死亡之旅给你的最大教训是什么？"他笑笑回答说："这次经历给我的最大教训是，当你有足够的水与足够的食物的时候，你就不应该再抱怨任何事情了。"

获得快乐就是这么简单。只要我们生命存在，我们还有什么比这重要的呢？我们还有什么值得担心的呢？我们还有什么不幸福呢？

有一个伤兵的故事。这个受伤的士兵叫约翰·纳斯堡，在战争中，他的喉头被飞来的炮弹碎片击中，输血七次之后，他从昏迷中醒来了。

他写了一张字条给医治他的大夫，上面写道："我会活下来吗?""会的。"医生回答说。

他接着又写了一张纸条问："我以后还能够说话吗?"他得到的答案仍然相同。于是，他再写了一张纸条，上面写道："那我还有什么好担心的呢!"

不要把幸福的标准定得太高，生命中的任何一件小事，只要你细心品味过，可以说都与幸福有关。因为无论怎样，幸福都只是一种感觉而已!

"斯威夫特是《格列佛游记》的作者，他是英国文学史上最荒诞的悲观主义者，他对自己的出世感到悲伤，所以，每逢他生日的那一天，他就穿着黑色的服装，以表达他的悲哀。由于对自己的健康感到失望，这位英国文学极端悲观主义者，对于能赐给人们高兴与快乐的健康大加歌颂。他宣告说："世界上最好的医生就是节食大夫、安宁大夫与快乐大夫。"

我们无时无刻都可以接受"快乐大夫"的免费服务，只要你将你的注意力专注在你所拥有而令人难以置信的财富上面就可以了，这个财富甚至比神话中的阿里巴巴宝藏还要多。你是不是不相信你拥有如此大的宝藏呢？那么，让我来问你一些问题：你愿意以十万元的价格出卖你的双眼吗？你又愿意以什么样的价格来交换你的双脚呢？同样地，你又愿意以什么样的价格来交换你的双手、听觉、孩子、家庭等等呢？再加上你自己所有的财产，你就会发现，即使以洛克菲勒、福斯与摩根等三大企业所共同积聚的金山银山，你也不愿意用你所有的一切和它交换的。

可是，我们曾重视过这些属于我们的无价之宝吗？喔！从来没有，就如同叔本华所说的："人们很少会想到他们拥有一些什么，但是，却常常想到比别人少了些什么。”是的，这种“很少会想到本身拥有些什么，但是，却常常想到比别人少了些什么”的心理倾向，是这个世界上最大的悲剧，它所造成的不幸，很可能比历史上曾发生过的战争所造成的不幸还要多。

2. 抵制欲望

中国有句俗话说：“知足常乐”。孟子也曾说：“养心莫善于寡欲。其为人也寡欲，虽有不存焉者，寡矣；其为人也多欲，虽有存焉者，寡矣。”（《孟子·尽心下》）佛典《大智度论》中也说：“哀哉众生，常为五欲所恼，而犹求之不已。此五欲者，得之转剧，如火炙疥。五欲无益，如狗咬骨。五欲增争，如鸟竞肉。五欲烧人，如逆风执炬。五欲害人，如践恶蛇。五欲无实，如梦所得。五欲不久，如假借须臾。世人愚惑，贪着五欲，至死不舍，为之后世受无量苦。”面对难填的欲壑，我们应尽量享受已有的。这样生活就会是真实的，富有质感的。

有位哲人曾说：“人之所以痛苦，不是因为拥有的太少，而是想要的太多。”正是因为欲望太多，结果造成心理贫穷。

其实我们每个人拥有的财物，无论是房子、车子或者是其他的任何物品……无论是有形的还是无形的，没有一样是你的，那些东西都是暂时寄存在你这里，有的让你暂时使用，有的让你暂时保管而已，到最后，物归何主都不得而知。所以智者把这些财富都视为身外之物；而贪婪者把它们视为珍宝，到最后却往往是一无所获。

欲望的满足不是满足，而是一种自我放逐，欲望会带来更多更大的欲望。如果我们为欲望所左右，为欲望的不能满足而受煎熬，那么人生还有什么滋味？因此请你务必谨记：

贪婪者虽富亦贫，知足者虽贫亦富。“知足者常乐”才是人们应当津津乐道的人生哲学。

有的人结庐于山间，一亩薄田，一壶清茶，一盘檀香，一张古琴，悠闲自在，自得其乐。比如孟浩然厮守农舍，归隐田园。在那“把酒话桑麻”的笑谈中，他知足了，也拥有了不足为外人所道的乐趣。但如果你不知足，那么最终失去的就不仅仅是你所得到的东西，甚至还可能是你的生命。

古时候有两名盗寇，身背金银珠宝，一水拦住逃路，两盗欲泅而渡之。泅渡前，老大对老二说：水流且急，游到水中，若是觉得力不从心，就丢掉一点背上的金银珠宝，继续向对岸游，若再感到体力不支，就继续再丢，保住自己的性命是最重要的！听完老大的话，老二点点头，表示明白。此时，身后的追者将至，老大老二两名盗寇纵身入水，向对岸泅渡，没多久，老大就觉得颇为吃力，于是就扔掉了一半背上背着的金银珠宝。到了水中央，老大仍感体力难支，因此，又把另一半也扔掉了！

老大筋疲力尽地上了岸，回头一看，老二还在离岸很远的水中挣扎，眼看就要沉下去了！此时，老大大喊，让老二解掉背上的包袱，扔掉金银珠宝！老二听到老大的喊叫，也想解开背着的包袱，扔掉金银珠宝，可是，他已经没有解开包袱的力气，最终落了个葬身水底的结局。

已故的弘一法师李叔同先生曾留下一副对联说：“事能知足心常惬，人到无求品自高。”人的贪欲是难以填平的，因为贪欲太盛，所以，大多数人都不快乐。事实上，知足是快乐的源泉。如果欲望太高，反而会失去的更多。

知足是人在深刻理解生活本质之后的明智选择。俗话说："猛兽易伏，人心难降；谿壑易填，人心难满。"但生活所能提供的欲望满足却总是有限的。因此在人的现实生活中，"足"是相对的、暂时的，而"不足"则是绝对的、永恒的。足不足是物性的，而知不知则是人性的。以人性驾驭物性，便是知足；以物性牵制人性，就是不知足。足不足在物，非人力所能勉强；知不知在我，非多少所能左右。不知足是本然的、合情的，仿佛骑手信马由缰，毫不费力；相反，知足是自觉的、顽强的、坚毅的和难能可贵的。当你步行在街道上看到一辆辆擦身而过的漂亮轿车时，当你身居斗室望着窗外一幢幢摩天大楼时，因羡慕、嫉妒而生起的不知足，无须吹灰之力便不招而至了。而要摆脱这些情绪的纠缠，今晚依然知足地卧床酣睡，明早照样知足地挤车上班，却是很不容易的。可见，不知足者根本没有资格嘲笑不凡的知足者。在嘲笑别人之余，倒是应该想一想自己为物所役的浅薄、空虚和浮燥。正如程子所说："人为外物所动者，只是浅。"

知足者当然不是无所希冀、无所追求。谁不爱吃山珍海味？谁不喜欢汽车洋房？但现实终归是现实，伤感也无济于事，在万般无奈之时，唯一可以保持的是这份知足的快乐。

古人云：求名之心过盛必作伪，利欲之心过剩则偏执。面对名利之风渐盛的社会，面对物质压迫精神的现状，能够做到视名利如粪土，视物质为赘物，在简单、朴素中体验心灵的丰盈、充实，并将自己始终置身于一种平和、自由的境界，这才是人上之人。

因此，在现代充满了诱惑，什么都需要选择的社会中，更需要在选择中学会舍弃。什么都不愿意舍弃的结果只能是失去更多。就如同一个穷人要想摆脱"穷"这个字眼，首先要做的就必须是舍弃欲望，唯有舍弃欲望的决心，才有机会可以累积财富，才能用钱去赚钱。

有一句俗语："人生有舍必有得"。早在两千年前，孟子就说过这样的话："鱼，我所欲也，熊掌，亦我所欲也，二者不可得兼，舍鱼取熊掌者也；生，我所欲也，义，亦我所欲也，二者不可得兼，舍生取义者也。"而这正是从取舍的角度，阐释了"有舍才能有得"的道理。

仰望苍穹，俯瞰今朝，试看那些已经抓到手的物质财富，他们所抓到的只是自己内心的欲望而已，而欲望的结局只是一摊冰冷的灰烬。所以说，舍弃多余的欲望，支配欲望，舍弃欲望，舍弃浮华，删繁就简，这才是人生的一种智慧。

3. 知足常乐

知足者常乐，知足便不作非分之想；知足便不好高骛远；知足便安若止水、气静心平；知足便不贪婪、不奢求、不豪夺巧取。知足者温饱不虑便是幸事；知足者无病无灾便是福泽。所谓养性修身，参禅悟道，无非就是个散淡随缘，乐天知命。

《庄子·齐物论》中说："终身役役而不见其成功，然疲役而不知其所归，可不哀邪!"这其中的玄机，就靠自己去参悟了。过分的贪取、无理的要求，只是徒然带给自己烦恼而已，在日日夜夜的焦虑企盼中，还没有尝到快乐之前，已饱受痛苦煎熬了。

因此古人说："养心莫善于寡欲。"我们如果能够把握住自己的心，驾驭好自己的欲望，不贪得、不觊觎，做到寡欲无求，役物而不为物役，生活上自然能够知足常乐，随遇而安了。

《庄子·山木》中有这样的寓言：

庄周到雕陵的栗园游玩，被一只翅膀七尺宽的鹊鸟碰到额头，他就抓起弹弓去撵。

在园中，他看见正得意鸣叫的蝉被螳螂所缚，而螳螂因有所得忘了自己，又被鹊鸟趁机攫取，鹊鸟只顾贪利也不再注意身后。

庄周就警惕而叹，扔下弹弓回去了。管园子的人跟在庄子身后责骂他偷了栗子。

庄子三天闷闷不乐。弟子问他说："先生为什么不愉快呢?"

庄子回答说："我为了守形体忘了祸患，观照浊水反而被清渊迷惑，忘了真性，所以管园子的人辱骂我，因为这才闷闷不乐。"

庄子告诉我们，欲是祸患的根源。在求得利益自以为有福降临时，往往也会埋下祸患的根由。一味追求利，不论开始如何得意，最终必自取其辱。

对此，庄子还讲过这样一个典故：

河边一个贫穷人家的儿子，一次潜入深渊，得到千金的珠子。他的父亲说："拿石头砸烂它！千金的珠子，一定是在九重深渊，得到千金的珠子，一定是龙在睡觉。等到龙醒来，你就要被吞食了!"

庄子这里所讲的，是福与祸的关系。这尚不是自然之道，因为这仅有祸患，谈不上患过福至。在道家认为，只有一切顺应自然之时，福与祸的到来才属于自然之功。老子说："祸兮福所倚。"这是说天降而非人为的福祸，是相互转换的，这种相生相依的转换才可称为道。

处于祸时不惊恐，处于福时不自得，这种因自然物理转化而得出的处世之道，即使在现代社会也是值得借鉴的。

不陷入物欲追求而保持清静之心态，那么世事的无常及虚幻就会少得多，也不致轻易就动摇心志。即使是在平常的生活中，不对事情期望过高，不对未来做悲观猜想，便可求得心理和谐。与此同理，在得到快乐时不自得，在失运时不悲观绝望，如此才能称为得到了驾驭生活的智慧。

纵然，在通常情况下，欲望是人前进的动力，但是也一定要知道什么时候该适可而止。要不然，欲望发展至贪婪成性，就会使人在消极的欲望中沉沦，从而迷失方向，走向绝处。

对于多数人来说，能够做到怀着一颗平常而善良的心，淡泊名利，对他人宽容，对生活不挑剔，不苛求，不怨恨。寒不改绿叶，暖不争花红，富不行无义，贫不起贪心，这何尝不是一种练达呢?

老子曾经说过："有所为才能有所不为。"换句话说，能知足才可知不足。诸如，在物质匮乏的年代，我们会满足于一日三餐的粗茶淡饭，但我们也深深地知道，人类对于粮食的需求远远不止这些，只要条件允许，我们就会要酒要肉，吃完了还想跳个舞，向更高层次迈进。

知足与不知足是一个量化的过程。我们不可能把知足一直停留在某一个水平线上，也不可能把不知足固定在某一个需要上。不同的年代，不同的环境，不同的阶层，不同的年龄，不同的生活经历，知足与不知足总会相互转化。穷苦的青年人还是不要知足的好，唯有这样，生活才会改观；一夜暴富的大款们，对于知识的追求多一些也许可以提升生活质量。

知足使人感到平静、安详、达观、超脱；不知足使人骚动、搏击、进取、奋斗；知足是在知不可行而不行，不知足是在可行而必行之。若知不行而勉为其难，势必劳而无功，若知可行而不行，这就是堕落和懈怠。这两者之间实际是一个"度"的问题。度就是分寸，是智慧，更是水平。

在知足与不知足两者之间，我们更多地倾向于知足，因为它会使我们内心坦然。无所取，无所需，同时还不会有太多的思想负荷。在知足的心态下，一切都会变得合理、正常且坦然，那么在这样的境遇之下，我们还会有什么不切合实际的欲望与要求呢？学会知足，我们才能用一种超然的心态去面对眼前的一切，不以物喜，不以己悲，不做世间功利的奴隶，也不为凡尘中各种搅扰、牵累、烦恼所左右，使自己的人生不断得以升华；学会知足，我们才能在当今社会愈演愈烈的物欲和令人眼花缭乱、目迷神惑的世相百态面前神凝气静，能够做到坚守自己的精神家园，执著地追求自己的人生目标；学会知足，就能够使我们的生活多一些光亮，多一份感觉，不必为过去的得失而感到后悔，也不会为现在的失意而烦恼。从而摆脱虚荣，宠辱不惊，达到看山心静、看湖心宽、看树心朴、看星心明……

知足是一种极高的境界。知足的人总能够做到微笑着面对眼前的生活，在知足之人的眼里，世界上没有解决不了的问题，没有趟不过去的河，没有跨不过去的坎，无论在什么情况下他们都会为自己寻找一个合适的台阶。知足的人，是快乐轻松的人，是心理健康的人。

第 18 章

不 争

不争是一种手段，是争的最高境界。只有不争，才能成为最后的赢家。

1. 身外之物很累人

身外之物很累人，大凡对外物看得过重的人其内心世界一定笨拙。

清朝山西太原有一个商人，生意做得很红火，长年财源滚滚，虽然请了好几名账房先生，但总账还是靠他自己算，钱的进出又多又大，他天天从早晨打算盘熬到深更半夜，累得他腰酸背痛、头昏眼花，夜晚上床后又想到明天的生意，一想到成堆白花花的银子又兴奋又激动。这样，白天忙得不能睡觉，夜晚又兴奋得睡不着觉。这老头患上了严重的失眠症。

老头隔壁有一对靠做豆腐为生的小两口，每天清早起来磨豆浆、做豆腐，说说笑笑，快快活活，甜甜蜜蜜。墙这边的富老头在床上翻来覆去，摇头叹息，对这对穷夫妻又羡慕又妒忌，他的太太也说："老爷，我们要这么多银子有什么用，整天又累又担心，还不如隔壁那对穷夫妻，活得那么开心。"

老头早就认识到自己还不如穷邻居生活得轻松洒脱，等太太的话一落音便说："他们是穷才这样开心，富起来他们就不能了，很快我就让他们笑不起来。"说着，翻下床从钱柜里抓了几把金子和银子，扔到邻居豆腐房的院子里。

这对夫妻正边唱边做豆腐，突然听到院子里"扑通"、"扑通"地响，提灯一照，只见是闪闪的金子和白花花的银子。连忙放下豆子，慌手慌脚地把金银捡回来，心情紧张极了。不知把这些财富藏在哪里好，藏在房里怕不保险，藏在院里怕不安全。从此，再也听不到他们说笑，更听不到他们唱歌。邻居富老头和他太太开心地说："你看！他们再也笑不起来，唱不起来了吧！早该让他们尝尝富有的滋味。"

可见，人只有保持一种平常心态，心境才能快乐。如果一个人成为了金钱的奴隶，就不会享受到金钱的快乐。

《菜根谭》中说："富贵名誉，自道德来者，如山中花，自是舒徐繁衍；自功业来者，如盆槛中花，便有迁徙兴废；若以权力得者，如瓶钵中花，其根不植，其萎可立而待矣。"这些话的意思是：一个人的荣华富贵，如果是因为施行仁义道德而得来的，就会像生长在大自然中的花一样，不断繁衍生息，没有绝期；如果是从建立的功业中得来的，就会像栽在花钵中的花一样，因移动或环境变化而凋谢；若是靠权力霸占或谋私所得，那这荣华富贵就会像插在花瓶中的花，因为缺乏生长的土壤，马上就会枯萎。这就告诉我们，没有道德修养，仅靠功名、机遇或者是非法手段求得的福，千万要警惕，它们不能长久，转瞬即逝。只有那些德行高尚的人，才能领悟这个道理，保住一生平安。

唐伯虎《桃花庵歌》中有：

但愿老死花酒间，不愿鞠躬车马前。
车尘马足富者趣，酒盏花枝贫者缘。
若将富贵比贫者，一在平地一在天；
若将贫贱比车马，他得驱驰我得闲。
别人笑我忒疯颠，我笑他人看不穿。
不见五陵豪杰墓，无花无酒锄作田！

通过古人的词句，我们看到了他们知足常乐的洒脱，然而现实中的很多人却无法做到这样的洒脱，如果你也是其中的一员，你不妨这样想一想：自己穷其一生忙忙碌碌一辈子，但到最后是否还是一无所有的离开呢，正所谓生不带来，死不带去，忙忙碌碌一生倒不如放下这些无休止的私欲、贪心，用一颗平常心多享受一些人生的快乐。

此时，也许有很多人会站出来反驳我，认为知足是一种不思进取的心态。其实不然，因为“知足”并不是说要自我满足于现有的成绩，放弃人生的更大追求，而是警示人们在纷繁复杂的社会中，形成一个良好的心态，对外部的变化以一种平和的心境来看待。在这种状态下，人的心情才不会受到外界各种环境的侵扰，才不至于扭曲前进的风帆，才会把自己的精力用于寻求发展，为将来取得更大的成功鼓足信心，才能以最佳的心态去想办法解决现实生活中没有达到满足的问题，从这个层面上来说，平常心不仅不是一种不思进取的心态，反而会成为一个人前进的动力，在这种动力的支持下，人才会取得更大的进步，求得更大的发展空间。

仔细想想，还是洪应明老先生说得对：“势利纷华，不近者为洁，近之而不染者为尤洁；智械机巧，不知者高，知之而不用者为尤高。”这话的意思就是：面对诱人的荣华富贵和炙手的权势、名利，能够毫不为之动心的人，其品格是高洁的，而接近了富贵和权势名利却不沾染上奢靡之习气的，这种品格就更为高洁了。不知道投机取巧玩弄权术手段的人，固然是清高的，知道了却不去采用它，这种人无疑是最清高的。这就是说，面对荣华富贵，但不被这些东西迷惑，能洁身自好的人，就不会受到玷辱，就能平安无事。

2. 长远有为

《道德经》说：“以其不争，故天下莫能与之争。”“争”是人与生俱来的天性。因为要生存下去就要争，要想生活得更好还要争，争是一种生存下去的方式，是再平常不过的事。

但老子却诚诚恳恳地教人们“不争”，这个“不争”原理在他的哲学原理中占有极其重要的地位。在此，他略过了“争”，而只说“不争”。实际上，你若仔细想想，没有“争”，怎么会有“不争”？这是再明白不过的了。说明他很注意“争”的，只不过他教导人们的是“争”要超过一时一地，超过暂时的成功，要让自己永远立于不败之地。

“以其不争”，绝非被动人生。现实人生中“以其不争是指大有为而小无为”，貌似无为，实则有为，眼下无为，长远有为的一种处世哲学。可以说是百态人生中“曲径通幽”、“曲线有为”的做法。顺天意、顺时势、顺民心、顺人性，绝不是做被动状，完全把自己交给大自然，像原始人那样任自然摆布，由天养活，而是在顺应客观的同时，主动地、策略地、乐观地、自觉地去驾驭命运之舟，在人生的海洋中航行，正所谓“我就是我自己的上帝”。

一个三国时期的例子可作为“争”的佐证。

一次，曹操率大军亲征，曹丕与曹植前去送行。临别时，曹植作了一篇洋洋洒洒的文章，极力称颂父王的功德，并当众朗诵得声情并茂，使得曹操和他的左右文武大臣万分高兴。曹丕却泪流满面，趴在地，悲伤不已。曹操问他什么原因，曹丕便哽咽着说：“父王年事已高，还要挂帅亲征，儿子心里又担忧又难过，所以说不出话来。”一言既出，满朝肃然，都为太子如此仁孝而感动。相反，大家倒觉得曹植只知道为自已扬名，未免华而不实，论心地诚实仁厚远不如曹丕，恐怕难以胜任一国之君。

这样一来，形势大转，曹植再无改变局势的可能。曹丕以一招不作为便轻而易举地赢得了政治斗争的胜利，但他并不安心，因为只要曹植存在一天，便是个极大的威胁，但碍于父亲的面子，一直不敢轻易下手。在父亲旧病发作，去世之后，曹丕才找到了合适的机会。曹丕想要毁掉的不只是曹植的性命，还有曹植那令人羡慕的才气。

曹丕即位不久，便有人告发临淄侯曹植经常喝酒骂人，还把曹丕派去的使者扣押起来。曹丕听了便立即派人到临淄将曹植带回都城邺城，借此处死曹植。其实所谓的告密，不过是曹丕安排的一个局而已，他命人做了所谓的告密，然后再借此来打击曹植。

他的母亲知道了这件事后，连忙替曹植求情，劝曹丕：毕竟是同胞兄弟，千万不可自相残杀，一定要放曹植一马。曹丕不能违背母亲的意思，而且只是为了这点小事就残杀兄弟也不合情理，于是，一个更为阴险的计谋在他的心中诞生了。

曹丕命人把曹植带来后，对跪在地上的弟弟说：“父王在世的时候，总是夸奖你的文章写得如何如何好，可是，我怀疑那是别人替你写的。现在我倒要看看你是不是真的那么有才华。

曹植明知曹丕有心为难自己，但又无计可施，只能说：“请赐题。”

曹丕说：“你我乃是兄弟，便以此为题，但诗中不可出现‘兄弟’二字。”要求你七步成诗。”

曹植不假思索，张口吟道：

煮豆燃豆萁，

豆在釜中泣；

本是同根生，

相煎何太急。

曹丕听了这首诗，觉得自己对弟弟有些过分了，不禁感到惭愧，便饶了曹植，将其贬为安乡侯。

曹植的“七步成诗”已经成为一段佳话，他的“七步诗”也家喻户晓。从这首七步诗里，我们不仅看到了一个才华出众、智慧过人的曹植，而且也看到了封建社会里的权力斗争的残酷。为了权力、为了地位、为了财富，兄弟反目已经不再是一个罕见的社会现象了，它所酿成的悲剧，在中国的历史长河中也不胜枚举。这不能不说是人性的弱点，人类的一种悲哀吧。

“争”是人与生俱来的天性。因为要生存下去就要争，要想生活得更好还要争，争是一种生存下去的方式，是再平常不过的事。但老子却诚诚恳恳地教导我们“不争”，只不过他教导人们的“争”要超过一时一地、超过暂时的成功胜利，要借此让自己永远立于不败之地。

老子之所以提倡这种不争之争，还是因为越是表面强势的人，越容易成为众矢之的，越容易被对手打败，最终越是争不到。

所以说，只有抱有这种不争之德，才能得到天下人的拥戴而不相害，故而天下才没有人能够与之相争。这种不争的态度就是我们做人的大智慧。

3. 让他三分又何妨

让人一步是一种处世之道，更应该是一种生活方式。懂得忍让，避让，少了一个不必要的对手，往往会为自己拓宽一条人生之路，即所谓朋友多了路好走，退一步海阔天空。

在这方面，胡雪岩给我们做了很好的榜样。

胡雪岩做生意，向来把人缘放在第一位。所谓“人缘”，对内是指员工对企业忠心耿耿，一心不二；对外则指同行的相互扶持、相互体贴。因此，胡雪岩常对帮他做事的人说：“天下的饭，一个人是吃不完的，只有联络同行，要他们跟着自己走，才能行得通。所以，捡现成要看看，于人无损的现成好捡，不然就是抢人家的好处。要将心比心，自己设身处地地为别人想一想。”胡雪岩是这么说的，更是这么做的。他的商德之所以为人称道，很重要的一条，就是把同行的情看得高于眼前利益，在面对你死我活的激烈竞争时，做到了一般商人难以做到的：不抢同行的饭碗。

胡雪岩准备开办阜康钱庄，当他告诉信和钱庄的张胖子“自己弄个号子”的时候，张胖子虽然嘴里说着“好啊”，但声音中明显带有做作的高兴。原因何在？因为在胡雪岩帮王有龄办漕米这件事上，信和钱庄之所以全力垫款帮忙，就是想拉上海运局这个大客户，现在胡雪岩要开钱庄，张胖子自然会担心丢掉海运局的生意。

为了消除张胖子的疑虑，胡雪岩明确表态：“你放心！兔子不吃窝边草，要有这个心思，我也不会第一个就来告诉你。海运局的往来，照常归信和，我另打路子。”

“噢!”张胖子不太放心地问道：“你怎么打法?”

“这要慢慢来。总而言之一句话，信和的路子，我一定让开。”

既然胡雪岩的钱庄不和自己的信和抢生意，信和钱庄不是多了一个对手，而是多了一个伙伴，自然疑虑顿消，转而真心实意支持阜康钱庄。张胖子便很坦率地对胡雪岩说：“你的为人我信得过。你肯让一步，我欠你的情，有什么忙好帮，只要我办得到，一定尽心尽力!”在胡雪岩以后的经商生涯中，信和钱庄给了他很大的帮助，这都要归功于他当初没有抢了信和生意的那份情谊。

不抢同行饭碗，是胡雪岩做人处事方式的基本准则。这里既有避让，又有谦让，既有智慧，又有道德，运用得如此娴熟，真是令人叹服。同时，我们还要看清的是，胡雪岩不抢同行饭碗的这一超凡做法，并不是纯粹回避竞争与冲突，而是舍去近利，保留交情，从而带来更长远、更巨大的利益。

俗话说，让人一步自己宽。实际上，生活中人们往往因为一些鸡毛蒜皮的小事而闹得不可开交。双方遇事毫不相让，针尖对麦芒，以眼还眼，以牙还牙，结果小事闹大，矛盾加深，结成疙瘩，久久不能得以解决。在邻里相处中，应该严于律己，宽以待人。若每个家庭都能经常注意自己的涵养，邻里间的矛盾就会减少。

曾经桐城有一个大官是当朝宰相，家里有一群家族的人；当地有一个豪绅姓刘。两家都在当地非常有影响：一个是高官的亲戚，一个是富豪。那个时候人们非常讲究风水，风水先生说这个地方风水好，因此当朝宰相的侄子和富豪都决定在这里建宅院，房子建好后，需要建院墙，因为风水好，谁都想让自己的院子大一点，所以宰相侄子的墙向这边靠，当地豪绅的墙也向这边靠，于是两边各不相让，时隔一年院墙一直都没有打上。最后当朝宰相的侄子为了展示自己家的实力，快马传书一封信送到京城给叔叔，叔叔打开信一看提笔写了四句话，快马传书回来，侄子拿过叔叔写的信，看完马上拿着信找到邻居家，说你家墙往我家靠吧，靠三尺没有关系，邻居突然傻了，说为什么。宰相侄子说我叔叔来信了，邻居看完他叔叔这封信，倒吸了一口冷气，说还是你家的墙往我家靠，两家争相谦让，最后各让三尺，就留下了美名至今的六尺巷。叔叔是一封什么样的信让双方马上化干戈为玉帛，马上各退三尺呢？原来叔叔只在信上写了这样一段话：

千里家书只为墙，
让他三尺又何妨，
万里长城今犹在，
不见当年秦始皇。

在人际交往中，一个人不争的品质，是决定与他人相处得好与坏的重要因素。我们身边就不乏这样的人：他们一事当前往往从一已私利出发，见到好处就争抢，遇到问题就相互推诿，甚至拆别人的台；还有的看自己一枝花，看别人豆腐渣，处处自我感觉良好，盛气凌人。这些人生活中之所以难有朋友，归根到底，就是在个人修养方面出了问题。

第 19 章

中 庸

一个人要想做到中庸，必须提高自我的调控能力，使自己的言行、情感、欲望等适度、恰当，避免过犹不及。

1. 调和与均衡

中庸是儒家的重要思想，作为一种道德观念，它是儒家尤为提倡的。《论语》中提及“中庸”一词，仅此一条。中庸属于道德行为的评价问题，也是一种德行，而且是最高的德行。宋儒说，不偏不倚谓之中，平常谓庸。中庸就是不偏不倚的平常道理。中庸又被理解为中道，中道就是不偏于对立双方的任何一方，使双方保持均衡状态。中庸又称为“中行”，中行是说，人的气质、作风、德行都不偏于一个方面，对立的双方互相牵制，互相补充。中庸是一种折衷调和的思想。调和与均衡是事物发展过程中的一种状态，这种状态是相对的、暂时的。孔子揭示了事物发展过程的这一状态，并概括为“中庸”，这在古代认识史上是有贡献的。

虽然在《论语》中“中庸”一词仅出现过一次，但中庸的思想却时时闪现，如在论语中孔子评价他的弟子们时说：“高柴愚直，曾参迟钝，颛孙师偏激，仲由鲁莽。”孔子认为，他的这些学生各有所偏，不合中行，对他们的品质和德行必须加以纠正。

我们现在说中庸，就是能够中和的中庸之作用。做事，不偏不倚的才叫做中，不改变的叫做庸。行中，这是天下的正道；用中道，这是天下的真理。中庸的基本要义，就是不偏不倚，恰到好处。为人处世、持家治国等人生作为，都充分体现了包容这个道理。

一个人要想做到中庸，必须加强自身的品德修养。提高自我的调控能力，使自己的言行、情感、欲望等适度、恰当，避免过犹不及。

我们生活的最高典型应该是中庸的生活。

林语堂先生在《谁最会享受人生》中，深刻地剖析了中国人的生活模式，提出要摆脱过于烦恼的生活和太重大的责任，实行一种中庸式的、无忧无虑的生活哲学。

林语堂先生说：我相信主张无忧无虑和心地坦白的人生哲学，一定要叫我们摆脱过于烦恼的生活和太重大的责任。一个彻底的道家主义者理应隐居到山中，去竭力模仿樵夫和渔父的生活，无忧无虑，简单朴实如樵夫一般去做青山之王，如渔父一般去做绿水之王。不过要叫我们完全逃避人类社会的那种哲学，终究是拙劣的。此外还有一种比这自然主义更伟大的哲学，就是人性主义的哲学。所以，中国最崇高的理想，就是一个不必逃避人类社会和人生，而本性仍能保持原有快乐的人。

美国著名作家房龙说："孔子向几亿中国人传授了一种日常生活的哲理，那种哲理一直在过去2500年中影响着他们的子孙后代，并且至今如从前一样至关重要，一样可行。"不错，孔子凭着一颗善良的心，真诚地向我们传授着生活的哲理，其间或许有些不够精致的地方，有些则是被别有用心的后人故意或无意地误读，企图凭借圣人的幌子，来把一些非法的勾当变得"合理合法"。现在，只要我们也带着一颗同样善良的心，带着对生活的热情来重读《论语》，就不难在智者的圣言中找到一些生活的启示，重新调整好自己与他人、社会、自然，甚至整个宇宙的关系。

中庸为人处世的态度就是对任何人、任何事都要本着不走极端的方式，适可而止。良好人际关系的建立就需要个人保持适中的人生态度，只有这样我们才能包容生活。

现实生活中，我们由于对许多事情过于偏激，而不能把握其中的分寸，而往往走向极端，把事情搞砸了。所以，每个人都应该根据自身情况，量力而行，适可而止，千万不可眼高手低，或走上难以回头的极端。古人都说："水满则盈"、"过犹不及"，这是在告诫后人们，做事最好要留点分寸、留点回旋的余地，这是为人处世的一条法则。

《菜根谭》的作者洪应明有云："居盈满者，如水之将溢未溢，切忌再加一滴；处危急者，如木之将折未折，切忌再加一搦。"就是说我们在做事上要讲求一个"度"，如果掌握不了其中的"度"，一旦表现过头，就会造成适得其反的结果。

"中庸"要求人们在为人上要不偏不倚，一切要做到"致中和"。因为任何人都必须与人打交道，都必须与人合作，这其中少不了合脾气、对口味的朋友、同事等等，当然也免不了会遇到一些在性格、气质、爱好，甚至于思维方式和行为方式都格格不入的人。通常情况下，人们都会亲前者而远后者，这种极为明显的待人接物的态度，其结果往往会给你在生活、工作中带来诸多不利，只有运用中庸的思想，我们才能具有包容的胸怀。

中庸思想是一种人生的智慧。不能因为自己的好恶，就区别对待或有着明显的交往界限。对那些自以为“情投意合”的人，不能走的太“黏糊”，而应该保持一定的距离，才不会因为对方而改变自己的思维和行为方式。而对那些自认为合不来的人，应该在生活、工作、学习中积极地采取接近和表现出愿意与之合作的包容态度。俗话说：“要团结一切可以团结的力量”，也就是这个道理。

而在对待工作上，我们一定要谨慎，不要急躁、冒进。一般来说，如果一个人做事拖拖拉拉、拖泥带水的话，是无法办成的。但是，不经过仔细的思考、冷静的分析，而草率行事、鲁莽上阵，那也不可能把事情做好。“中庸”的态度就是要克制人们的偏激，要冷静地对待每一件事，另外就是不能“到处撒网”，如果什么事都想干，一会儿做这个一会儿做那个，结果还是一事无成。

我们不可能趋同别人，也千万别奢望别人趋同你。为人，要做到“中立不倚”，不偏向别人也不拒人于千里之外；做事，也要做到“居中而行”，不偏激不走极端。这样就是适中的包容的人生态度，也就是“中庸”思想的要义所在。如果真能做到这些，相信大家离“中庸之道”也就不远了。

最后我们一起欣赏一下清代学者李密庵的《半半歌》，这首诗歌中所书写的就是这样一种中庸的人生智慧。

看破浮生过半，半之受用无边，半中岁月尽悠闲，半里乾坤宽展。半郭半乡春舍，半山半水田园，半耕半读半经廛，半士半民姻眷，半雅半粗器具，半华半实庭轩，衾裳半素半轻鲜，肴馔半丰半俭。童仆半能半拙，妻儿半朴半贤。心情半佛半神仙，姓字半藏半显。

一半还之天地，让将一半人间，半思后代与沧田，半想阎罗怎见?酒饮半酣正好，花开半时偏妍，半帆张扇免翻颠，马放半缰稳便。半少却饶滋味，半多反厌纠缠。百年苦乐半相参，会占便宜只半。

幸福恰到好处的底线是什么？竟是个耐人寻味的“半”字。

2. 要讲个“度”

人生的智慧，你可以道出千条万条，但是最重要的一条就是“凡事皆有度”。

“度”是一定事物保持自己质和量的限度，是和事物的质相统一的限量。任何度的两端都存在着极限或界限，而超出这个范围，事物的性质就会发生变化。水的沸点是100℃，水的凝固点是0℃。从0℃到100℃是水的温度范围，过了这个度，水要么变成了水蒸气，要么变成了冰。

“度”是一个大学问。古今中外的仁者、智者、贤人、哲人在他们的学说中都有对“度”的论述。马克思主义哲学中的辩证唯物主义讲“度”，量变到质变；儒学讲究中庸，不偏不倚；老子主张顺其自然；佛学谈心理平衡；达尔文谈适者生存。可见，恰到好处是我们做人做事的一个很重要的方略，也是维系我们一生能否幸福、快乐的法宝。如何守“度”不是人生小技巧，而是人生的大本事。

人生活在“度”中。人最大的追求是自由。一旦失去了自由，他还有幸福和快乐可谈吗？他还能有所作为吗？但是，自由是相对的自由，过度的自由就会失去自由。做人做事，为人处世也有一个“度”

的问题。“度”的这一边可能是一片灿烂，而“度”的那一边却可能是乌云密布。列宁曾说：“只要再多走一步，仿佛是向同一方向的一小步，真理就会变为错误。”若不及，则真理就不会全面；而过了，超过了适度的范围，真理就会变成了谬误。也就是说，真理和谬误只是一步之遥。

日常生活中的“度”，几乎处处可见。

比如，说话就要讲究分寸和尺度。话不可不说，也不可多说。古希腊哲人苏格拉底就说过：人有双耳双目一口，那就应当多看多听慎言。因为言多易失。同样，开玩笑是人际关系的一种润滑剂，但也要掌握好“度”，一旦过度必定会伤感情。虽然幽默的言谈令人快乐，但一过了度也就变成了庸俗或尖刻。

再比如，喝酒。朋友们聚在一起喝点酒，聊聊天，交流信息，增进感情，本是人生一件快事。但饮酒一过度就出事了，轻者出洋相，重者伤和气，更有甚者伤身体、误正事。

还有，我们的周围有很多人，为了自己的事业而不懈的奋斗着，最终因透支自己的健康而英年早逝。这样的例子有很多。其次就是有些人为了奋斗，而成了“男强人”或者“女强人”，其事业可谓辉煌腾达，但因长期不顾家，亲情渐淡，最后导致家庭破裂、子女失教，这能算是完美吗？这样的完美就是一种伤害，也是一种失“度”的行为。

所以，无论是做人还是做事，都要讲究一个“度”字，把握好这个“度”。

有人认为，立志是人生智慧。大志酿就气魄，大志磨就意志，大志练就恒心，志向存于高远方成大器。但是，立志也需有“度”。大志过于具体就会遭受挫折，大志脱离实际便是好高骛远。立志要“量体裁衣”，否则便是空中楼阁。

有人认为热情是人生智慧。人际关系离不开热情。但是，热情也有“度”。你的热情太高了会灼伤人；你的热情太低则会冷漠人。该加温而没有加温，会使你的人际关系发生“断路”，该降温而加温的会背离意愿。只有把握了“度”，幽默才不会油滑，坦诚才不会粗率，谦虚才不会虚伪，活泼才不会轻浮，谨慎才不会拘泥。

有人认为读书生智慧。书籍是知识的海洋，读书使人进步，这是不争的事实。读书也有“度”。书不可不读，书又不可滥读。书不可不信，又不可全信，“尽信书不如无书”。并非都是多多益善。郑板桥说：“读书数万卷，胸中无适主。”老子曰：“少则得，多则惑。”哲学家伏尔泰甚至说：“浩瀚书海使人愚蠢。”

我们身边处处有“度”。“度”并不损害你的人生，反而使你的人生过得更好。遵守法度的人，才能平安度过人生，才有和谐的人际关系，才有合适自己的成长环境，命运之神才会光顾。

人的一生不能不研究“度”，不遵守“度”。苛求完美，往往使我们离完美更远；苛求细节，往往会把我们逼向钻牛角尖；苛求幸福，往往最先伤到的是自己……什么是最好？恰当才是好，守“度”才是福。

3. 有进有退

《论语》说：“危邦不入，乱邦不居、天下有道则见，无道则隐。”意思是：“局势危急的国家不能进入，局势混乱的国家不要在那里生活。天下有道的地方，就去施展你的才能，不讲道行的地方，就应该隐居而不出。”孔子的这句话就是要让人认清局势，在乱世要采取全身而退的方略。在面对危急、混乱情况的时候，也要做到该退则退，该忍则忍。

我国古代的历朝历代，因“不隐”而落的妻离子散，死不知何所的大有人在；也有深知“隐忍”而保全自身，全身而退的人。至于“隐”与“不隐”，这就是“中庸”上讲到的“两端”，在面临这种“进则可能死，退则可能生”的两难境界的时候，该怎么取舍？这就得适时地运用“中庸”思想——执其两端，而用其中。

不仅如此，在与人交往的过程中，也要学会保全自身，不能过于冒进，不能偏激，要时时处处掌握好这个度。俗话说：人在屋檐下，不得不低头。这中间的“不得不”就是迫不得已的意思，如果强出头，后果就是“头破血流”，谁也不会傻到这样的地步。其实，说起来容易，但做起来却很难，这就需要在遇到这种情况的时候，懂得运用“中庸”，万事不可偏激，不可走极端的思想态度，做到恰当地处理，“退进”都能合乎“中道”。

三国时期，由于关羽的狂妄自大失去了荆州，自己也身首异处。

作为大哥的刘备当然对此怒不可遏，不听诸葛亮的劝阻，亲率 70 万大军伐吴。蜀军从长江上游顺流进击，居高临下，势如破竹。

刘备大喜，感觉一举拿下东吴的时机已到，急驰大军进发。战事也正如刘备所预想。蜀军连胜十余阵，锐气正盛，直至彝陵、猇亭一带，深入吴国腹地五六百里。

正在这个关键时刻，孙权命名不见经传的青年将领陆逊为大都督，率 5 万人迎战。

陆逊虽然年轻，却深谙兵法。他非常正确地分析了形势，认为刘备锐气正盛，并且是居高临下之势，吴军如果同他正面交锋，很难占到便宜。于是决定实行战略退却，以观其变。

这样，陆逊就把吴军完全撤出山地。可这样却害苦了蜀军，几十万蜀军士气正旺，却一时找不到“打击”的目标。并且在五六百里的山地一带很难展开数十万大军的阵势，这样一来，蜀军反而处于被动地位，欲战不能。

相持了足有半年的时间，蜀军斗志松懈。年轻的统率陆逊看到蜀军战线绵延数百里，首尾很难相顾，且在山林安营扎寨，犯了兵家之忌。吴军看到反击的时机已经成熟，便下令全面反攻，打得蜀军措手不及。陆逊一把火，烧毁蜀军七百里连营，蜀军大乱，伤亡惨重，慌忙撤退。

《易经》中说：“变化者，进退之象也。刚柔者，昼夜之象也。”为人处世，当进则进，当退则退；当高则高，当低则低。所谓进退有据，高低有时也。

可见，人生成败与进退术有很重要的关系，不善进退者，自然是败者。我们知道过于急进者，常会自以为聪明至极，从而在某一天突然遭到大败。因此，进是基于摸准对方心理的行为——只有摸准对方，才能进行有效的行动，这是人际交往的基本道理。

为什么这么说呢？

因为退避是事物发展过程中的一个特殊阶段，一般人总是以事物发展向上向前为吉，而以向下向后之退避为凶，其实这并非是对退避的正确理解。如果该进之时则向前，当然是吉兆，但是，如果处在该退之时仍然盲目前进，则由吉趋凶，自取其咎。相反，此时，如果顺时而急流勇退，行遁之道，则又逢凶化吉。

毛泽东在《中国革命战争的战略问题》中说：“及时退却，使自己完全立于主动地位，这对于到达退却终点以后，整顿队势以逸待劳地转入反攻，有极大影响……战略退却的全部作用在于转入反攻，战略退却仅是战略防御的第一阶段，全战略的决定关键在于随之而来的反攻阶段能不能取胜。”

所以，做人做事要懂得适可而止，不要过了头。一件事做久了，就会形成一种惯性，让人欲罢不能。权力也好，荣誉也罢，人的欲望如果不适时地加以遏制，就会逐渐膨胀，以至于到时难以驾驭。这时，你就需要停顿一下，或者后退一步，就像音乐需要休止符，照片需要留白，绘画需要淡彩一样。不论你在职场，还是在商场，为人处世，都要善识时务，懂得退让之道，不要由着自己的性子来，退一步可能会更好。

第20章

妥协

面对坚硬的生活，妥协有一种神奇的力量。

1. 学会低头

现实生活中，每个人都会遇到不尽如人意的事，需要你暂时退却，这时候，你必须面对现实，要明白敢于碰硬的确是一种壮举，可胳膊毕竟拧不过大腿，硬要拿鸡蛋碰石头，只能是无谓的牺牲。这个时候，就需要用另一种方法来生活，这就是适时低头。

年轻人最易犯的毛病就是心高气盛、恃才傲物，总以为自己是鸿鹄别人都是燕雀，眼光总是高高向上，根本不把周围的一切放在眼里，直到有一天，被眼前的门框撞了头，才发现门框比自己想像的要矮得多。

要想进入一扇门，必须让自己的头比门框更矮；要想登上成功的顶峰，就必须低下头弯起腰做好攀登的准备。那些登上顶峰的人们，不论是在舞台上发表演说还是乘机出访，总是微微低着头俯视脚下的人群，因为他们站在高处，而他们脚下成千上万的人们，总是高高仰起头向上仰望，因为他们站在低处。

在生活中历练过的人都了解，谦虚往往被看成是软弱、怕事的表现。这种态度与其说是软弱，不如说是尝遍人世辛酸之后一种必然的成熟。那些昂然高论，不以为然的人，对这个问题，乃至人生的认识显然有限，因而表现出来的，只是一种无知的强劲，一种似强实弱的强。真正的智慧，属于谦逊的人。

当今社会，变幻莫测，错综复杂。因此在漫长的人生跋涉中，不得不学会低头。但学会低头并不是妄自菲薄与自卑，学会低头意味的是谦虚、谨慎。或许，在现实生活中我们应该试着去学习低头，学会认输。其实这并不难。只是当你知道，自己摸到一张烂牌时，不要再希望这一盘是赢家。只有傻子才在手气不好的时候，对自己手上的一把烂牌说，我们只要努力就一定会胜利。学会低头，就是在陷入泥潭时，知道及时爬起来，远远地离开那个泥潭。只有笨蛋才会在狼狈不堪的时候，对自己的鞋子说，我们是出淤泥而不染的；学会低头，就是在上错了公交汽车时，及时下车，另外坐一辆车子。

低头是需要勇气的，试想，为争一时之气而拼个你死我活，于己于事又有何益呢？泰山压顶，先弯一下腰又何妨？折断了就永远断了，而弯一下腰还有挺起的机会。

明太祖朱元璋在位时，有一位吏部官员，名叫王朴，曾因直谏，犯了龙颜而被罢官。不久，又被起用做御史，他马上评议当时的时政。在朝廷之上，多次与皇帝争辩是非，不肯屈服。一日，为一事与明太祖争辩得很厉害。太祖一时非常恼怒，命令杀了他。等临刑走到街上，太祖又把他召回来，问："你改变自己的主意了吗？"王朴回答说："陛下不认为我是无用之人，提拔我担任御史，奈何摧残污辱到这个地步？

假如我没有罪，怎么能杀我？有罪何必又让我活下去？我今天只求速死！”朱元璋大怒，赶紧催促左右立即执行死刑。

不是说生性耿直不好，但王朴实在是太不开窍了，心中那种傲气犟劲一旦产生就消失不了，而且越来越旺，连皇帝给他机会都不要。这固然是受愚忠的毒害，但也与他心高气傲、不懂处世策略有很大关系。他不懂得弯与折的辩证法——尤其在一言九鼎的皇帝面前，以致毫无价值地送了自己的小命。

在人生道路上，我们常常因光彩的事物而迷失了方向，以不屈不挠、百折不回的精神坚持到底，结果输掉了自己。所以用平和的心态，学会低头，这恐怕应该是最基本的生活常识吧。学会向生活低头，学会融入生活，这是我们每一个人成长的必经之路。在个性化、时尚化、特殊化泛滥的今天，或许很多人会对“向生活低头”嗤之以鼻，以为是陈年旧物。其实，学会向生活低头，就是学会了更好地融入周围的生活圈中，更快地适应生活。深谙“外圆内方”的处世之道，能够更好地同别人打交道，多为别人考虑，少为满足自己的私欲而损害他人，也最容易赢得大家的欢迎。

学会向生活低头，就是学会“蓄势”，为将来“待发”做好充分的准备，懂得厚积薄发。余秋雨先生曾在《为自己减刑》一书中提到了他的一位狱中朋友因受其启发，在监狱里苦学英语，并终有所成。刑满释放时，带出了一本60万字的英语译稿，且出狱时神采飞扬，丝毫不像受过牢狱之灾的人！他的这位朋友学会了向生活低头，学会了“利用”生活，学会了先“委屈”于生活，后“俘虏”了生活，并最终能够主宰自己的命运。

学会低头，是处世的一门基本学科，是为人的一种至高境界，是认真生活着和生活过的人的一种很好的体会、总结。

2. 退一步

有人为了功名富贵，不顾一切地向前冲刺。哪怕前方是险坑，跌下去便会粉身碎骨；亦或是一堵高墙，撞上去便会鼻青脸肿也在所不惜。冷静下来一想，这样真的必要吗？换一种方法是不是一样可以达到目标，这个世界上还有足够大的空间让你驰骋，退一步、转个弯、绕个路都可以，这就是做人的智慧。正如古人所云："退一步，就能海阔天空。"

凡事退一步，生命不退步。"处世让一步为高，退步即进步的根本。"凡事均有长有短、有阴有阳、有圆有缺、有利有弊、有胜有败，更何况是千变万化的人生！成功通常皆是成于最有耐心、耐力、耐烦者，即最能忍耐、最有耐心的人。所谓"忍得过，看得破，提得起，放得下"。凡事"静观皆自得"，因为忍得一时之气海阔天空，既是海阔天空，就能从从容容，那么，又有什么事可以困得住自己呢？退步，原来是向前。有时候，只是放弃一些意气之争，即使争赢了又如何呢？退一步，并非表示自己的软弱，而是更多的包容、谅解与理解，经商的人，希望日进斗金；读书的人，希望每日进步；有的人一遇到利益，总想得寸进尺。其实，做人处事应该要以退为进！

因此，一个人在世界上要想做人处世，必须要能谦恭礼让，一个人要想成功立业，必须要懂得以退为进，引擎利用后退的力量，反而引发更大的动能；空气越经压缩，反而更具爆破的威力；军人作战，有时候要迂回绕道，转弯前进，才能胜利；很多时候，我们要想成就一件事情，必须低头匍匐前进，才能成功。

有一位计算机博士，毕业后找工作，结果好多家公司都不录用他，思前想后，他决定收起所有学历证书，以一种“最低身份”去求职。不久，他被一家公司录用为程序输入员，这对他来说简直是“高射炮打蚊子”，但他仍干得一丝不苟。不久，老板发现他能看出程序中的错误，非一般的程序输入员可比，这时他亮出学士证，老板给他了与大学毕业生对口的专业。过了一段时间，老板发现他时常能提出许多独到的有价值的建议，远比一般的大学生要高明。这时，他又亮出了硕士证，于是老板又提升了他。再过一段时间，老板觉得他还是与别人不一样，就向他“质询”，此时他才拿出博士证，老板对他的水平有了全面认识，毫不犹豫地重用了他。

以退为进，由低到高，这是自我表现的一种艺术。常言道：“回头是岸。”就是以退为进的意义。古来的先贤圣杰，从官场利禄之中退居后方，是为了再待机缘；有些能人异士隐居山林，是为了等待圣明仁君；有的人非常重视“韬光养晦”；有的人等待“应世机缘”，所有的饱学之士都懂得“进步哪有退步高”的道理。

春秋时候，楚王的三子季札，因为贤能，父王要传位于他，而他谦让说，上有长兄，应该由长兄继位。长兄去世以后，因其贤能，国中大臣又再推荐他为王，他说还有次兄；次兄去世以后，全国人民又一致推举，希望他能出来领导全国。他说“父死子继”，应该由故世的先王之子继任王位，故而仍然退而不就，所以后来在历史上留下贤能之名。可见，退让不是没有未来，退让之后往往在另一方面更有所得。

三国时代，刘玄德知道太子刘禅无能，要诸葛孔明取而代之，但因诸葛亮谦让。反而在历史上留下忠臣之名。周公辅佐成王，虽是长辈，一直以臣下自居，所以能成周公的圣名美誉。此皆证明，退让不是牺牲，所谓“失之东隅，收之桑榆”，有时以退为进，更能成功。

以退为进，是人生处世的最高哲理。人生追求的是圆满自在，如果人生只知前进不懂后退，那么他的世界就只有一半。而懂得“以退为进”的哲理，可以将我们的人生提升到拥有全面的世界。“以退为进”，何乐而不为呢？

一个人会做事，不如会做人。当然，最好是又懂做事，又懂做人，那好事通常都自做了；而要是只会做人，不会做事，那往往就是做不成事。办一件事，往往要通过许多人，不通过人便不能成事，人事是所有事情中最难办的事。有时候，想办成一件事，得要迂回曲折、以退为进、颠三倒四，那还不一定能成事。

做人同做事一样，有时候也是要以退为进的，退却是为了更好的前进。

3. 改变自己

曾有人说：“婚姻不是1＋1＝2，而是0.5＋0.5＝1。”就是说：“传统意义上总说婚姻是两个个体走到了一起，可是现在的人每个都很有个性，要想这段婚姻维系下去，每个个体都要学会改变自己，需要消掉一半的个性，所以是两个“0.5”才等于一段婚姻。

此话说得很有道理。的确，现代的男男女女，我们都崇尚个性和自由，我们都有想法有追求有目标，那么，两个人走在一起，必然就会有各种各样的冲突。不和就分手，闪婚的背后是闪离。于是，越是大都市，分手概率越高，离婚率越高。

我们在电视剧《爱情呼叫转移》里看到，因为挤牙膏没有从根部挤就吵架闹离婚的事情不是偶然。生活中，因为作息时间不一样，你白天上班，他下午上班；因为饮食口味不一样，你吃素他吃荤……最后闹到分手，甚至离婚的事情多不胜数。

记得在《青年文摘》看到一篇这样的文章，说一个男的喜欢一个女孩，初次见面很紧张，女孩并无意于他，他为了缓解气氛对服务员说："麻烦在咖啡里加些盐。"这让女孩惊讶不已，后来两人终于结婚了，很多年后，男的临终前写给她："原谅我一直都欺骗了你，还记得第一次请你喝咖啡吗？当时气氛差极了，我很难受，也很紧张，不知怎么想的，竟然对小姐说拿些盐来，其实我不加盐的，当时既然说出来了，只好将错就错了。没想到竟然引起了你的好奇心，这一下，让我喝了半辈子的加盐的咖啡。有好多次，我都想告诉你，可我怕你会生气，更怕你会因此离开我。"相比之下，这是多么大的反差。我们可能会因为去哪家餐厅买、哪个牌子的家具而大吵大闹，而却有人因为维系感情维系婚姻撒一辈子的谎，喝一辈子的加盐咖啡。

突然想起了很多年前有人说"对立养人。"说两个截然不同的人走在一起反而感情更稳固，因为他们互相被对方吸引。而两个看似有共同爱好的人，比如都是某个行业的设计师，却反而更容易因为设计理念不同而分道扬镳。两个都太有棱角的人，就如同两只长满了刺的刺猬，只能相望不能相互拥抱，因为会被对方身上深深地刺伤。

仍记得古老的传说，说很久很久以前，世界上的人是两个脑袋四只手四个腿的，后来上天一分为二，于是后来人就开始寻觅着自己的另一半。这个传说和"0.5＋0.5＝1"有着异曲同工之妙。"两个人，一世界。"多美的珠宝广告词！

成功女性张晓梅曾说过的一句话："这个世界，有两类人，一类是制定规则的人，一类是服从规则的人，通常两个制定规则的人在一起是没法生活的。"你看看你周围单身的人，是不是都是很有个性的人，是不是都是不愿意妥协和不愿意牺牲的人呢？

通常，我们因为锋芒所吸引，因为锋芒而伤害。因为个性而开始，也因为个性而结束。如果想要维系一段感情，你是否愿意改变自己，削掉自己身上的那一半呢？也许这就是爱情的牺牲，婚姻的代价。所以，想要结婚的男孩子或女孩子，在走上红毯的那一端的时候，就意味着你们要消掉你的个性！

第21章

不 怨

不顺利时，既不埋怨老天爷，也不迁怒旁人。

1. 不怨天，不尤人

孔子曰："不怨天，不尤人。"孔子说："不怀恨于天，不责怪于人。"

孔子是一个志向远大的人，一心要以仁义之道来整治家国天下，实现天下的长治久安。为此他曾经广泛游历诸国，希望有君王能够采纳他的思想主张，行礼治，尽仁道，明伦常。可是当时诸侯之间连年攻战，人人自危，奸谋权术横行，勇力军法并重。各个诸侯国王急功近利，欲图自保或者称霸天下，孔子的一整套根治社会弊端的慢功夫自然难以见用于世。这倒并不是说孔子的思想理论不好，而是由于道德教化、人心转变往往见效很慢，在当时纷繁动荡而又复杂的社会背景下，这些难以具体实行。因此孔子周游了一大圈之后，最终还是一无所获，怀才不遇，没有实现他的政治理想，甚至因此不断遭到别人的讥讽和嘲弄。所以孔子才会发出世上没有懂他的人的感叹。

不过孔子之所以是孔子，是“圣人”，而不同于常人就在于他虽然一生郁郁不得志，但是却能够通达事理，用他的话讲就是“不怨天，不尤人”。事实上人的一生，不如意的时候往往多于如意的时候。那么在我们面对不得意之时，是灰心丧气、怨天尤人，还是像孔子一样心态怡然呢？这不仅仅是一个人的心态问题，也是直接关系到一个人是否能有成就的大问题。可以设想一下，孔子周游列国十几年，推销他的治国理论，但却没有一个国君重用他，如果他灰心失望了，整日怨天尤人，以酒浇愁，那么也许今天已经没有人知道曾经有这么一个人的存在了。但是孔子却能在那么绝望的情况下，继续坚持自己的追求：不能直接将自己的理论推销给君主，可以传授给学生，通过学生再推销给后世的君主。孔子的这种执着和达观的精神是值得我们学习的。

事情做得不顺利既不埋怨老天爷、也不迁怒旁人，这是需要相当的修养功夫才能做到的。孔子说自己不怨天尤人，其实也等于为人们做了一个示范，告诫人们也别怨天尤人。想想人为什么会怨天尤人呢？无非是想实现的愿望没实现，想得到的东西没得到，于是迁怒于老天的不公和他人的不助，整天沉浸在烦恼之中。

生活中有高潮也有低谷，人生中有得也有失。对得失成败抱旷达包容的态度，你就会少了许多挫折感，生活就会格外轻松愉快。

梁漱溟是我国近代有名的儒学大师。“十年文革”时期，那些所谓的“红卫兵”们把他的藏书、手稿、字画统统烧了，人又隔三差五地被拉去游街、批斗，这对于一般人来说，是多么大的羞辱，同时面临这样的失意，稍有想不开就会走上极端，一了百了。但是梁漱溟没有，当造反派们厌倦后把他关在一个小屋子里，他没有为此而怨天尤人，也不呼天抢地，而是潜下心来认真地做自己的学问，其《儒佛同异论》还有《东方学术概论》，可谓是我国学术界开天辟地的伟大成就，其超然物外的胸襟和气度确是令人折服。

我国台湾著名的散文家林清玄在他的一篇散文中讲述了这样一件事：

一个朋友和他要一幅字，挂在自己的书房里。朋友对他说，你要写非常简单的，让我每天看了以后就有用的一句话。他想了半天，就写了四个字，叫“常想一二”。那个朋友不懂，说这是什么意思啊？林清玄解释说，大家都说这个世上“不如意事常八九，可与言者无二三”，我们就算认可这种说法吧，但是起码还有一二如意事啊？我帮不了你太多，我只可以告诉你就常想那“一二”吧，想一想那些快乐的事情，去放大快乐的光芒，抑制心底的不快，这也就是我作为一个朋友能够为你做的最好的事情了。

俗话说：“不如意之事十有八九。”在每个人的一生当中根本就不可能永远都是风平浪静。人生遭际不是个人力量所能左右，而在诡谲多变，不如意事常存在于环境中，惟一能使我们改变的不是老天，也不是别人的支持，而是你自己！

因此说，看透了，看穿了，人的生命就获得了自由和解脱，从斤斤计较的小圈子里走出来，不在小事情上浪费自己，而能务其大者、远者，创造人生的远景宏图。人生旷达了，心智自然也就不会劳累，就不会活得那么拘谨和痛苦。区区小事不能给他带来烦恼，不愉快的经历也不能使他怨天尤人。旷达地体谅他人、理解人生、包容生命。欢乐的时候能放浪形骸，遇到挫折能顺其自然，做事的时候能专心致志，忘情的时候能忘乎所以。这种人活在世上不委曲自己，但是也不计较别人，所以人人喜欢、人人钦佩。

2. 生活不必苛求

超脱于现实，无求于生活，一切就都会自然而然。大喜大悲，率性而为，此乃性情中人，世界在他们的眼里变得活泼起来。

有一位女士，有这样一段回忆：

儿时，家里清贫，对于穿着打扮并不苛求，有啥穿啥。妈妈只在过年时给我添置一套新衣服，直到那补丁再也无法容下为止。一般都捡亲戚朋友家小孩的旧衣服穿，一旦谁家送来一堆旧衣旧裤，我像发现了一座金矿似的，欣喜若狂地翻捡。一次，我穿了一条男童式的裤子，被男同学取笑了一通，我却不以为然，依然很喜欢。

随着年纪一天天的增长，思想上也渐渐地转变了不少，后来家里不缺吃少穿了，我开始注意起自己的体形来，那时觉着自己的小腿粗，总不好意思穿裙子。看着身边的不少同学那健美的小腿，少不了向往，开始异想天开，姐姐是个比较胖的女孩，她是一直爱赶时髦的人，一直想自己能瘦下去，因此，试了不少减肥方法，我也向她讨教了几招，开始是每天喝几口醋，后来实在坚持不住，又改成每天多吃萝卜少吃饭。我是一个没恒心的人，就这样有一天没一天的，那小腿上的肉没减掉，健康问题倒落下了不少。

记得有一年，市场上出现了一种“增高”广告，我来了兴趣，对自己的身高一直不满意的我还是受不了诱惑陷了进去，那高挑修长的身材是我梦寐以求的，怎能不去试试看呢？因此，在翻阅了不少有关“增高”的广告后，最终把目光投向了一家，把自己平时积攒的零花钱全投了进去，在一段又焦虑又美好的期待中，终于收到了一个鼓鼓的邮件，在拆开那包东西时，我的心弦扣得紧紧的，浏览了那些一文不值的说明书后，如当头一棒把我整个希望都击破了，从失望到愤怒，从愤怒到要报复，随即提起笔向那家公司发起攻击，对他们的“坑蒙拐骗”大肆指责了一番，想想我是多么的愚昧与无知啊！

是什么蒙蔽了理智呢？是我对“美”的苛求，是我追求“完美”的迫切心理，致使被那些为追求利益而不择手段的商家乘虚而入。

类似的人当然有很多，有些人在学习上的苛求、有些人在工作中的苛求、有些人在感情上的苛求、还有些人在生活细节上的苛求……

当然，“苛求”有利也有弊，比如有些人严格要求自己，力求做到最好，即使未能达到先前预定的目标，却也能坦然处之。而有些人往往把“苛求”逼向钻牛角尖的程度，往往把事情想的太美好，过多的追求一些不切实际的东西，一直生活在另一个世界里，与现实社会脱节，不能客观地认识事情，一旦事情的发展不是自己所想的那样，就变得消极，易走极端，甚至摧残自己的人生。

正如有位作家所说的：“这世界并不完美，它生成是如此，而我们却是这世界的一部分，我们由这世界诞生，先天就带来了它所具有的好处，也带来了它天然的缺点，不要用苛求的眼光去看世界，而是以一种宽容平和的生活态度去面对。”

如果那些爱钻牛角尖的人能够及时地摆正自己的心态，客观的面对生活，他们得到的将更多，生活也会更愉快。

3. 学会忘记

我们不但要善于记忆，还应该学会忘记。应时时刻刻排解多愁善感的情绪，把烦人的往事放在一边，只有这样，我们才能有好的心情去生活。

古人云："人之有德于我也，不可忘也；吾有德于人也，不可不忘也。"这句话的意思是：别人对我们的帮助，千万不可忘了，反之，我们若是帮助了别人，或别人倘若有愧对我们的地方，应该乐于忘记。

乐于忘记是一种平衡心理的最佳选择。老是念念不忘别人的坏处，实际上深受其害的是自己。乐于忘记是快乐人生的一大特征，既往不咎的人，才可甩掉沉重的包袱，大踏步地前进。

我们生活在现在，面向着未来，过去的一切都被时间之水冲得一去不复返。我们没有必要念念不忘那些不愉快，那些人间的仇怨。念念不忘，只能被它腐蚀，而变得彼此憎恨、满腔怨气。甚至导致精神崩溃，陷自己于疯狂。

做人，不但要忘记不愉快的往事，也要放下沾沾自喜自鸣得意的情绪。那些情绪，往往会陷你于虚妄之中。从心理学角度看，无论你惦记的是快乐的事还是悲愁憎恨的事，长期生活在这种过去的记忆里，就会与现实生活脱节，会严重威胁心理健康和心理的发展。久而久之，便会影响我们正确的思考与行动。

怎样才能忘记呢？只有一个方法：放下！

学习忘记之道，把许多愤恨的往事丢掉，日子久了，激动情绪也就越来越少，心灵和精神的活力得以再生，恢复了原有的喜悦和自在。

康德是一位懂得忘怀之道的人，当有一天发现他最信赖又依靠的仆人兰佩一直有计划地偷盗他的财物时，便把他辞退了。但康德又十分怀念他。于是，他在日记中写下悲伤的一行："记住要忘掉兰佩。"真正说来，一个人并不那么容易忘掉伤心的往事。不过，当它浮现出来时，我们必须懂得不陷于悲不自胜的情绪，必须提防自己再度陷入愤恨、恐惧和无助的哀愁里。这时，最好的方法就是扭转念头去专心工作，计划未来，或者去运动、旅行。

人人都曾有过被痛苦的回忆所缠绕而不能自拔的体验，何不让我们把这些不美好的回忆摒之千里，代之以自我陶醉的梦想和对新生活的不断体验与历练呢？学会忘却，也就学会了宽恕自己、解救自己。人生短短几十年，何苦过得那么疲累，何不学会忘却？

忘记了忧愁，也就没有了忧愁；忘记了憎恨，也就远离了憎恨。当心灵不因为憎恨而蒙蔽，当所有的一切都变成过眼云烟，人就会整个轻松起来，请记住：宽恕了别人，也解救了自己。

第 22 章

适　应

现实的环境在某种程度上来说是难以改变的，那我们就必须适应。

1. 要适应生活

生活质量的高低在很大程度上取决于外部环境，当外部环境好的时候，我们往往能够有一个美好的生活；当外部环境恶劣的时候，我们往往会生活得相对困难和痛苦。而在现实生活中，每个人的生活都是不一样的，造成这种现象的原因就是每个人的主观能动性发挥得不一样。有些人充分利用外部环境，再加上自己的主观努力，获得了自己想要的生活；而有些人则缺乏主观能动性，将自己的生活完全交给了外部环境，或者是他的努力不足以改变外部环境。也就是说，我们的生活如何是在外部环境的基础之上进行个人改造而得来的。要“适应”生活，正是要我们对外部环境的服从。现实的环境在某种程度上来说是难以改变的，我们必须适应，才能够拥有生活。

正如季羡林先生所说，我们所要适应的都是进步的，美好的事物。比如说，当我们还是顽童的时候，突然有一天让我们去读书，那种感觉必然是不舒服的，但是却是对我们有好处的，那我们就必须学会适应学习的环境，当国家取消大学生的计划分配制度，而将大学生推入就业市场的时候，也使得“天之骄子”颇不习惯，但是这确实是社会的进步，所以，越来越多的大学生摆脱了对计划分配的依赖，凭借自己的努力开创了自己辉煌的事业。再比如说，电脑的出现曾经让很多人措手不及，一些已经有了根深蒂固的习惯的人对于这种新生的事物没有多少好感，但是我们不得不说，电脑的出现改变了我们的生活。那我们就必须去适应有电脑的生活，学习电脑的使用。只有这样，我们才不会被生活所淘汰。

我们生活的周遭环境在不断地发生着各种各样的变化，如果我们不能适应，那么我们就无法很好地融入生活。长久下去，我们就会故步自封，我们的生活质量也会因此而下降。所以，“适应”生活是享受生活的第一步。

人生有很多的无奈，但有些事情是我们不能把握和控制的。比如，我们生在了经济发达的大城市，高考的时候遭遇了变革，大学所读的专业不是自己喜欢的，毕业后又碰上几百几千人为抢一个饭碗挤破脑袋的局面，想结婚又面临着房地产的天价的上涨，想退休又面临着退休年龄往后推移……也许这都是时代的错，比这更让人难以接受的是，我们的身体天生就不完美。面对这些，有的人学会了抱怨，抱怨自己没有生在一个更好的时代，抱怨上天对自己是多么的不公平。可是，抱怨的结果又能怎样呢？也只能徒增悲伤和烦恼，或者把自己推向苦恼的沼泽地。

既然抱怨也无济于事，我们就只能接受，接受遭遇的不公，接受生活的真相。就像我们打扑克的时候，无论抓到的是一手好牌还是烂牌，都要想办法，发挥出最高的水平去赢下来。勇于接受生活真相的人，才能成为真正的强者。

大家一定熟悉中国著名小说家，散文家史铁生吧，他是一位双腿瘫痪的作家，史铁生生前数十年与疾病顽强抗争，在病榻上创作出了大量优秀的、广为人知的文学作品。他的作品多次获得国内外重要文学奖项，多部作品被译为日、英、法、德等文字在海外出版。

他的写作与他的生命完全同构在了一起，在自己的“写作之夜”，史铁生用残缺的身体，说出了最为健全而丰满的思想。他体验到的是生命的苦难，表达出的却是存在的明朗和欢乐，他睿智的言辞，照亮的反而是我们日益幽暗的内心。

不要抱怨上天给予自己的不够多，也不要抱怨自己的命运是如何的坎坷，很多有所成就的人，比如霍金、比如贝多芬、比如海伦·凯勒，他们惊人的成就并不是因为上天多么垂青他们，而是因为他们勇于接受事实，接受生活的真相。

所有发生的事情，都是注定无法改变的真相。你若想否认这些事实，其实就是在否定自己。我们要学会接受真相，不要与不能改变的现实较劲，才有精力去“改造”自己不尽如人意的命运。

2. 要去接受它

俗话说：“生活是不公平的，你要去接受它。”的确，几乎是从我们出生的那一刻起，不公平就显现了出来，有些孩子降生在别墅里，有些孩子则降生在自家黑糊糊的炕头上。到了上学的年龄，一些孩子穿着新衣，背着新书包踏进了美丽的校园，而一些孩子却只能眼睁睁看着别人背着书包暗自伤神。该工作了，一些孩子凭门路、靠关系进了著名的企业，一些孩子没学历、没有关系，只能以体力劳动来维持生活……

当然，大多数人没有前者那么优越，也没有后者那么凄惨，而是处在一个中间的水平，但是仍然能处处感觉到不公，自己的父母为什么是偏远地区的农民而不是城市里的知识分子？自己大学毕业的时候为什么偏偏赶上国家不再分配工作？为什么到了自己该成家立业的时候房价较几年前翻了数倍？为什么自己拼命工作，而老板却把晋升的职位给了一个别人？

生活中不公平的事情实在是太多了，很多人为此仇视不公平，背地里唉声叹气，指责抱怨，这或许能解一时之气，但不能改变实质。

在遭遇不公的时候，更多的人想的是改造环境，改变不公，其实，这多半是行不通的。试想，如果你大学毕业被分在基层工作，一边愤愤不平，一边敷衍工作，那么你有什么机会被升职呢？老板会认为这么简单的事情你都做不好，根本不会有责任和能力去做更高级的工作。

要想改变不公，唯一的方法就是接受这一现实。只有接受现实才能改变心情，从而改变自己的人生。

很久以前，一位日本青年进了一家大公司，做了一个小职员。在平凡的工作中他发现公司存在着许多问题，便不断给上层管理者写信，并提出自己的建议。然而，他的信如石沉大海，没有一点回音。可他并没有放弃，只要发现问题，他照样写信，照样提出自己的建议……10年后的一天，他终于有了回报，他被派到一个分公司任经理，他工作非常出色，后来当了这家大公司的总经理，而这家大公司就是世界著名的佳能公司。

一个贸易公司的男职员，在刚进公司时很受老板赏识，但不知怎的，在并没犯什么错误的状况下，他被“冷冻”了起来，整整一年，老板不召见他，也不给他重要的工作，从形同主管的地位变成和普通员工差不多。他忍气吞声地过了一年，老板终于又召见他，给他升了官，加了薪，同事们都说他把冷板凳坐热了。

要想改变，必先接受不如意的现实生活。人生如水，人只能去接受现实。在这个竞争激烈的社会，即便你有满腹的才华，也不一定有机会一下子做到企业的高层。比如，你大学毕业，却不得不从公司最基层的工作做起，有什么办法改变？只有先接受才能有机会，接受就是踏踏实实地去做。

普希金有一首我们都非常熟悉的短诗《假如生活欺骗了你》：

假如生活欺骗了你，

不要忧郁，不要愤慨；

不顺心时暂且忍耐。

相信吧，

快乐的日子将会到来。

生活是不公平的，如果我们无法接受，每天总是怨天尤人，不敢面对现实，没有足够的勇气去接受现实的挑战，整天活在忧郁之中，那么我们等于被生活击垮。既然这样，我们不如去思考，如何更好地去适应生活的不公。唯有适应环境，接受现实，才会有机会去改变自己的处境。

3. 要学会承受

生活就是一个个难题。我们都在不断地去破解，这其中最艰难的就是解题的过程，只要承受住这个过程，完成这个过程，人生也就多了许多丰富多彩的经历，人生就多了坚无不摧的意志。

有这样一个故事：

山里住着一位以砍柴为生的樵夫，在他不断地辛苦建造下，终于盖起了一间可以遮风挡雨的房子。

有一天，他挑着砍的木柴到城里交货，但当他黄昏回家时，却发现他的房子起火燃烧了。左邻右舍都前来帮忙救火，但是因为傍晚的风势过于强大，所以还是没有办法将火扑灭，一群人只能静待一旁，眼睁睁地看着炽烈的火焰吞噬了整栋木屋。

大火终于灭了，这位樵夫手里便拿了一根棍子，跑进倒塌的屋里不断地翻找着什么。围观的邻人以为他是在翻找藏在屋里的珍贵宝物，所以也都好奇地在一旁注视着他的举动。

过了半晌，樵夫终于兴奋地叫了起来："我找到了！我找到了！"邻人纷纷向前一探究竟，这才发现樵夫手里捧着的竟是一柄柴刀，根本不是什么值钱的宝物。

樵夫兴奋地将木棒嵌进柴刀里，充满自信地说："只要有这柄柴刀，我就可以再建造一个更坚固耐用的家。"

坚强的人不是从未曾被困难击倒过的人，而是在被击倒后，还能够积极地向正确方向不断迈进的人。

人生一世，草木一秋。人在一生中的两万多天的时间里，没有人从始至终都是幸运儿，我们的生命中无不交织着喜悦与悲伤、顺利与坎坷、幸运与不幸、得到与失去。于是，如此纷繁的内容构成了生命的多姿多彩，这样我们才品尝到了生命复杂的滋味，到日暮黄昏的时候，也才有了那么多可供回忆的内容。

我们应该感谢生活的赐予，不论一帆风顺还是苦难深重。

人生是个大舞台，也许有笙歌相伴，也许有大浪淘沙，但主角永远都是我们自己，即使别人能给我们再大的帮助，但他们却永远无法主宰我们的人生。

我们没有先知先觉的能力，芸芸众生，谁都无法避免苦难的降临。勇敢者、智者面对苦难，能够坦然接受，然后想方设法化解苦难，把它看作是对人生的又一次挑战，赢得别人的敬重；懦弱者、愚者面对苦难，只会像塌了天，垂头丧气，甚至丧失了生活的勇气，结果苦难更加深重，造成的损失与危害更加巨大，为别人留下笑柄或提供反面的教材，这样的人生何其可悲。

其实，没有过不去的火焰山，车到山前必有路，重要的还在于你的心态。

古希腊有这样一个神话传说：

西西弗神因为偷了天庭的火种给人们，被贬到人世间受苦。他所受到的惩罚是将一块大石头推上山，直到它不再滚下来为止。西西弗神推呀推，费尽气力将石头推上山顶，周而复始，永无休止。

上帝想靠这样的折磨，使西西弗神心灵崩溃而死。西西弗神每次推石头上山时，上帝都嘲笑、打击他。但西西弗神不相信命运，依旧我行我素。他想：既然推石头上山是我每天的任务，那我就每天都来完成，完不完成责任在我，至于石头是不是往下滚，那就和我无关了。再说，石头不往下滚，我又推什么呢？在西西弗神的坦然面前，上帝折服了，他无法再惩罚西西弗神，便让西西弗神返回了天庭。

一切外在的磨难，都会在心灵交汇，你的盾牌不是外人的帮助与同情，而是心理的承受能力。想一想贝多芬，苦难好像不断地降临在他身上，双耳失聪，双目失明，但他没有垮掉，反而成为一代“乐圣”；想一想张海迪，全身三分之二没有知觉，但她不断地进行“生命的追问”，针灸、写作、翻译……一个正常人都无法取得那样的成绩，但是她做到了。

人的一生，重要的不是发生了什么，而是我们承受了什么。苦难再大，都属于我们自己，不承受也得承受。承受它才能打垮它，不承受就会被它打垮！

第23章 赏识

自我欣赏，是一种意境，更是一种自爱。欣赏别人，则是一种修养，更是一种品格。

1. 别总盯着别人的缺点

有一位老师走进教室，在黑板上点了个白点。

然后大声问学生：“你们看到了什么？”

大家异口同声地说：“一个白点。”

老师说：“不准确。”

学生们全部愕然：“怎么不准确？明明是一个白点嘛！”

有个学生甚至走近黑板，想认真瞧瞧老师点的到底是啥东西，但左看右看，上看下看，反复看，还是一个白点，便理直气壮地说：“老师，没错。那确确实实是一个白点。”

老师说："你们这么多双眼睛，看到的都是一个白点吗？难道这么大的黑板都没看见？"

这时，学生们才恍然大悟："看到了。"

仅看到"黑板"上的"白点"，忽略"白点"后面的"黑板"和黑板后面的"墙壁"。这正是人常犯的错误。所以，面对别人时，我们往往会受到视觉、思维等的局限，只把目光局限于别人的缺点上（白点），而看不到他闪光的地方（更大的黑板）。

正所谓："尺有所短，寸有所长。"人世间真正完美的东西本来就很少，如果我们只看到他人的弱点，而看不到他们的长处，只把挑剔的目光放在别人身上，而看不到自己的缺点。那么，这个人的缺点就会在我们的心中被无限地放大，以至于没有了优点。

关于美国在线公司，就有这样一个故事：

在美国纽约的同一座大厦同一层楼里有两家网络公司。一天，两家公司的首席执行官不知为什么都开始注意起对方的公司。并且，他们都得出了一个基本相同的结论：千万不能让自己公司里的员工学习对面公司里员工的行为作风，不然，一定会出大问题。

因此，就在同一天，两家的首席执行官都给自己公司的员工发出了一条通知。

甲公司的通知是：为了保证本公司的正常运营，不准学习对面公司员工的作为，他们穿着古怪，不修边幅，在行为上极为不检，上下班不准时，在上班时还有人谈话、说笑、听音乐。本公司若发现有此行为者，将一律开除，决不延迟。

乙公司的通知则是：为了保持以激扬的势头发展下去，所有公司员工不要与对面公司的员工来往，他们整天死气沉沉，上下班都毫无表情，没有一点生气。为保证我们不被这种情绪感染，所有员工必须与对面公司的员工保持距离。如有私自交往者，公司将严惩不贷。

就这样，同是经营网络的两家公司，又是面对面的邻居，竟然几年下来都没有任何的来往，所有的员工上下班也是从不打招呼，形同陌路。

虽然有了这样的纪律约束，但两家的业绩却并不乐观，两家公司在过了一段时间后都面临了倒闭的危机。为了挽救当前局面，两家公司在同一天也都发出了寻求高明管理者的招聘启事。这时，有一位应征者看到了招聘启事，便给两家公司同时投出了自己的简历。

在面试的那一天，这位应征者分别看到两家公司墙上贴的通知，感到非常奇怪。于是，分别建议两家公司的首席执行官应该更改通知。

甲公司的通知改为：为了转变工作势气，号召大家多向对面公司的员工学习，他们行为活泼、思想活跃、进取心强，富有想像力，具有大胆的创新精神，这是我们不可缺少的！

乙公司的通知则改为：对面公司的员工，穿着得体、态度端庄、行为严谨、奉献精神和吃苦耐劳精神可佳，这些都值得我们多多学习！

更不可思议的是，两家公司的首席执行官竟不约而同地采用了他的建议，并重金聘用了他。再后来，为了更好地发展，两家公司便成功地合并了，这就是现在的美国在线公司。原来那两家公司就是时代华纳和原美国在线。

美国在线公司的故事告诉我们：当一个人只注意别人的缺点时，无形中这个缺点也会在自己的眼中无限地放大，最终导致的就是两人的感情越来越淡薄，情感的距离也会越来越远。总盯着别人的缺点不放，恰好说明，我们自己身上到处都是缺点。

这就教导我们，我们应多反省自己，严格要求自己，加强自身的修养，同时又不要对别人太苛刻，不要只盯着别人的缺点。在看到别人缺点的同时，也要看到别人的优点，并以包容心态对待别人的缺点，以谦虚的态度学习别人的优点。

正如俗语所讲“得饶人处且饶人”，人和人的脾性、见解不一时，你更不必对别人的过失或缺点耿耿于怀，也不必咄咄逼人。否则，你的步步紧逼，反而会激发对方的抵触心理，结果就会旧矛盾未解决，新矛盾又产生了。所以，多看看别人的长处，也正体现了我们自己大度的长处。

做人的学问就是：时刻保持谦虚，多正视自己的弱点，多看他人的优点，将别人的优点吸收为自己的优点，弥补缺陷，力求自我完善，从而就可转化为财富！

2. 磨难，并不是坏事

生活中出现一个对手、一些压力或一些磨难，的确不是坏事。往往能把你打磨得更完美。

芬兰维多利亚国家公园每年都会在爱鸟日这天放生一批鸟类。这一年，应广大市民的要求，又放飞了一只在笼子里关了4年的秃鹰。事过三日，当那些爱鸟者们还在为自己的善举津津乐道时，一位游客却在距公园不远处的一片小树林里发现了这只秃鹰的尸体。解剖发现，秃鹰死于饥饿。

秃鹰本来是一种十分凶悍的鸟，甚至可与美洲豹争食。然而它由于在笼子里关得太久，远离天敌，失去了生存能力，结果活活饿死。

无独有偶。一位动物学家在研究生活于非洲奥兰治河两岸的动物时，注意到河东岸和河西岸的羚羊大不一样，前者繁殖力比后者更强，而且奔跑的速度每分钟要快 13 米。

他感到十分奇怪，既然环境和食物都相同，何以差别如此之大？为了能解开其中之谜，动物学家和当地动物保护协会进行了一项实验：在两岸分别捉 10 只羚羊送到对岸生活。结果送到西岸的羚羊发展到 14 只，而送到东岸的羚羊只剩下了 3 只，另外 7 只被狼吃掉了。

谜底终于被揭开，原来东岸的羚羊之所以身体强健，只因为它们附近居住着一个狼群，这使羚羊天天处在一个“竞争氛围”中，为了生存下去，它们变得越来越有“战斗力”。而西岸的羚羊长得弱不禁风，恰恰就是缺少天敌，没有生存压力。

把你送上荣誉奖台的往往不是安逸生活，而正是你所诅咒的恶劣境地。不幸是人生最好的历练，是人生不可缺少的历程教育。感谢生活的压力，包容生活的磨难，因为有了它们，才能让你更完美。

莎士比亚曾充满深情地对一个失去了父母的少年说，你是多么幸运的一个孩子，你拥有了不幸。当时这个刚失去了父母的孩子，正处在孤苦无依的悲惨境地，孩子满眼疑惑地看着这个被人们尊敬的艺术大师。莎士比亚摸着孩子的头说：“因为不幸是人生最好的历练，是人生不可缺少的历程教育，因为你知道失去了父母以后，一切就只能靠你自己了。”40 年以后，这个孩子——杰克·詹姆士，成为英国剑桥大学的校长，世界著名的物理学家。

人们通常会把不幸视为人生的逆境而抱怨命运的不公。可是，那些在人类历史上留下了杰出脚印的人们，很多都曾遭遇过不幸：给人类留下了《战争与和平》等不朽作品的伟大作家列夫·托尔斯泰，3 岁丧母，10 岁丧父；前苏联作家高尔基有着更为不幸的童年，他幼年丧父，11 岁开始自己到“人间”谋生；而伟大的法国作家巴尔扎克，出生不久，父母就因经济拮据而把他送到乡下寄养，童年几乎没有得到读书的机会。也许我们可以这样说，这些取得了杰出成就的人们，或许正是因为人生中的种种不幸的遭遇，才让他们认真思考自己的人生，是不幸给他们提供了开掘自己智慧的契机。从某种意义上说，命运如同一座大钟，很多时候，只有接受不幸不断的撞击时，生命才会释放最响亮的声音。

较之不幸，幸运也许是成功的机遇，但它更可能是走向成功的羁绊。因为幸运很容易让人产生优越感，更容易成为懒惰滋生的温床。生命的进行如同一条平静流淌的小溪流，恰遇一处斧劈的断崖，因为没有退路，溪水就成了瀑布，因此拥有了生命飞溅而下的美丽。

3. 多看自己拥有的

在现实生活中，很多人之所以不快乐、不幸福，完全是因为他们只看自己没有的，却从来不看自己拥有的。我们每个人都应该多看看自己拥有的，闲暇时，也不妨拿出笔和纸，写下你所拥有的东西，这样你就会为你所拥有的而惊叹。

从前有一个国王，金银遍地，美女如云，权力通天。尽管如此，他每天还是郁郁寡欢，茶饭不思。于是他决定派一位大臣周游全国寻找一个快乐的人，探究人生快乐的秘诀。

有一天，这位大臣经过一个贫穷的村庄时，听到了远处传来阵阵快乐的歌声。随声而去，是一位农夫在一边耕作一边唱歌，大臣走上前去问道："你就这几亩薄地，一头老眼昏花的耕牛，两间漏雨破落的茅草房，为什么还这么快乐呢？"

农夫笑着说："我很快乐，有一次，我曾因为没有鞋子穿而懊恼沮丧，可是当我看到了一个没有脚的人之后，我幸庆自己还有一双完好无损的脚，从此我变得快乐了起来！

看了这个故事，我们可以明白不少人之所以不快乐是因为不会正确地比较。比上肯定不足，比下肯定有余。你不要和比尔·盖茨比钱，你也不能和各国政要比权，这样你会越比越生气，就像乌龟不能和兔子比速度，要比只能和它比长寿，这样比才是对的。

黄美廉出生时因为一些意外而患上了脑性麻痹，在六岁之前，全身的运动神经和语言神经受到伤害，面部畸形，口水还常常不停地向外流，而且也失去了发声讲话的能力，在别人看来她就像个奇丑无比的怪物。但是，黄美廉并没有被这些外在的痛苦击败。小学二年级时，在老师的启发下，她找到了自己的人生目标，确立了当一位画家的志向。中学毕业后，黄美廉分别进入了洛杉矶学院和加州州立大学修读艺术，身体的残疾丝毫没有打败她的信心，反而让她更加坚定自己的意志。在比常人付出多很多倍的努力之后，黄美廉最终获得美国著名的加州大学艺术博士学位，而她的画展也轰动了世界。

有一次演讲会上，一个中学生问她："黄博士，你从小就长成这个样子，请问你怎么看你自己？你难道从来都没有过怨恨吗？"

在场的很多人都责怪这个学生提出了这么不敬的问题，担心黄美廉难堪和受不了，出乎众人意料的是，不能说话的黄美廉嫣然一笑，十分自然地在黑板上龙飞凤舞地写下了这么几行字："一、我好可爱！二、我的腿很长很美！三、爸爸妈妈那么爱我！我会画画，我会写稿！四、我有一只可爱的猫！五、上帝这么爱我！六、还有……"最后，她以一句话作结论："我只看我所有的，不看我所没有的！"

黄美廉做的很好，她没有陷于人生的苦难里而不能自拔，她没有像别人那样只看到自己的短处，拿自己的不幸去和别人作比较。相反，她非常乐观地看到了自己拥有的东西，采取了向下比较的态度，从而收获了一个完满的人生，这不能不说是一种非常聪明的做法。

其实，我们每个人都应该多看看自己拥有的。闲暇时，也不妨拿出笔和纸，写下让你感激的人或事，写下你对自己的爱和对工作的热爱。

敞开心灵，让所有美好的事情充满你的心灵，让坏的事情离去，你就会得到一个平静的心境。

放弃过去，想想现在，会使你更有力最、更快乐，并给别人也带来快乐。多和朋友接触，你会很开心，就不会有意识地去苛求自己，把自己的短处和别人的长处比。

要珍惜自己拥有的，要懂得回报。只有在回报中，你才能体味出人生的真谛，才能享受人生的快乐。现在，你很健康，有床睡觉，有吃有喝，这都是快乐。

美好的东西如果刻意去追求，它总是与你擦肩而过。但如果你怀有一颗平常心，学会珍惜，那么幸福就会常伴你左右。

第 24 章

平　衡

一个人站在平衡点上，便是快乐的起点，幸福的原点！

1. 对与错，没有绝对的

让我们读一则故事：

一位后生到寺中向方丈求教，谈起世态炎凉，他颇有感慨：“大师，人与人之间的关系太复杂了，不是尔虞我诈，就是虚伪以对，实在是没意思。请问这是为什么？我该如何对待呢？”

此时恰闻树上有鸟儿啼鸣。接着，有零星的鸟粪落下，差点儿沾到后生的身上，后生举手指着鸟儿怒叱：“该死的东西，没长眼睛！”

“善哉善哉！”方丈言道，“施主，看看你伸出的手——道理就在其中。”

后生看看自己伸出的手——食指指向树上的鸟儿，大拇指指向天空，中指、无名指、小指很自然的指向自己。

看着后生纳闷的样子，大师解释道："你瞧，你指责鸟儿的手形，意味着指责别人的手指是一个，而指责自己的手指是三个，也就是说假如要指责别人，那么自己首先要承担三倍的指责。严以律己、宽以待人，人情世故就不再是你看到的这个样子。至于那个指向天空的大拇指，则意味着还有一些事情谁也没想到的，而且也说不清楚，于是只好由上天来裁决了。"

方丈望着树上啼鸣的鸟儿，接着说："鸟儿是无辜的，因为树木本来就是飞禽栖息之处，有鸟粪落下来是很自然的事，怪只怪我们站错了地方。"

现实生活中的很多人，都遇到过类似的困惑：为什么我坚持真理，到头来碰得满身是伤呢？为什么我做的很正确，却往往得不到别人的认可，也无法求得好的结果呢？

事实上，问题就是出在了"正确"上。何为正确？一加一等于二正确，一加二等于三就不正确。但生活不是做数学题，生活的要义是解决问题。

经常有人说：你错了，我对了，你没理，我有理……倘若碰上了有素质的人，不和他计较，事情多半就此平息。倘若碰上一个同样认死理的，两个人就会针尖对麦芒，浪费几公升的唾沫是少不了的。但最终平息的时候，也并一定就真的吵出个谁对谁错，而是累得没力气吵了。

即使是我们说的正面意义上的是、非、好、坏、善、恶等概念，也都是从常识上去认识的，实际上好坏善恶等等都不是绝对的，而是随条件的变化而变化不定的。至于很多人高声叫喊着的道理，多半又是站在自己的立场上的道理，是强行搅出来的道理，是怒火冲出来的道理。因此，世间万物没有绝对的对与错、是与非，所有也没必要凡事都分个高低、争个胜负，退一步则海阔天空。

古时候有个老和尚，一天中午，他和一个小和尚在禅房中打坐，忽听门外有两个和尚为一个问题争论了起来，他们各说各的理，不肯相让。不一会儿，只听其中一个和尚气急败坏地说，“我找师父评理去！”说完就气冲冲地跑进禅房，把自己的道理对老和尚复述一遍，然后问道：“师父，您看是我说的对，还是他说的对？”老和尚不假思索地说：“你说的对！”这个和尚高高兴兴地出去了。

没一会儿，另一个和尚也跑进禅房，他气冲冲地质问老和尚：“师父，刚才他和我辩论您估计都听到了，根本就是胡搅蛮缠。而我的说法是根据佛经上说的。您给评评理，是我说的对，还是他说的对？”老和尚照样不假思索地说：“你说的对！”这个和尚也高高兴兴地出去了。

站在老和尚背后的小和尚却越听越纳闷，他问：“师父，先前大师兄进来，您说他说的对；接着二师兄进来，您也说他说的对。我以为，既然他们的观点是对立的，大师兄对，二师兄就不对；二师兄对，大师兄就不对；您怎么可以说他们两个人都对呢？”老和尚转过头来，望望小和尚，意味深长地说道：“你说的也对！”

这下，小和尚反倒更不明白了。

很多人过于看重对与错，俗称“一根筋”，其实世间万事万物极其复杂，“非此即彼”只是一种常见情况，还有“亦此亦彼”、“非此非彼”、“亦此亦彼又非此非彼”等情况，况且不同的人囿于不同的信仰、价值观、立场、角度、方法等，因此对事物的看法判断往往不同，但往往又有一定合理之处。因此，即使是把世界上最高明的法官请来，他也很难做出一个放之四海皆准的裁判。这种时候，需要的往往不是证明谁对谁错，需要的是包容，需要的是退让，需要的是“入乡随俗”，“到什么山唱什么歌”。否则生活的“大法官”一生气，结果往往是把有理的和没理的各打五十大板。

汉字中有两个很有意思的字：射和矮。很多学者认为，这两个字其实是从一开始就叫错了，但时间长了，人们也就习以为常，以错为对了。比如射，左边一个“身”，一般来说是身体的意思，右边一个“寸”，一般来说是尺寸的意思，如果一个人的身体只有一寸高，不是“矮”是什么？《水浒传》中的武大郎绰号“三寸丁穀树皮”，说的就是他不仅矮（三寸），而且皮肤粗糙的像树皮。

我们再来看“矮”，左边一个“矢”，谁都知道，这在古代代表箭，而右边的“委”则有“任”、“派”的意思，想想看，一个人把箭派出去，不是“射”是什么？但由于一开始不知什么原因人们把它叫做“she”并且传开了，它的真正的读音“ai”反倒被当成了“射”字。

上面的例子当不得真，但它至少有点儿歪理。战国时期的名家学派代表惠施曾提出过一个类似的理论——“犬可以为羊”，按照一般人的想法，狗就是狗，羊就是羊，生活又不是《封神演义》，狗怎么可以突然变成一只羊呢？实际上“狗”也好，“羊”也罢，还有“牛马驴骡鸡狗鸭”，它们都是我们人类为了生活方便给它们起的名字。这就好比一个人出生时父母给他取名叫“狗剩子”他一辈子都是“狗剩子”一样，如果人类一开始就把“狗”叫做“羊”，那么今天看门的就是“羊”，吃草的就是“狗”了。执着于一个事物的名字，就会忽略它的本质。执着于对错，也会忽略人类创造对错这个概念的本质——非但没解决问题，反而平添了许多问题。

所以，不要再动不动就“非此即彼”地问谁对谁错、可不可以了，重要的不是理论与观念的对错，而是方法与结果的对错。

2. 不圆满才是人生

从古至今再到永恒，谁都不可能十全十美，总是有些许缺憾。缺憾是人生的伴娘，是人生的组成部分，我们必须接受它，就像我们必须接受生命一样。

不完满才是人生——这是季羡林老先生的名言。季老在书中写道：

每个人都争取一个完满的人生。然而，自古及今，海内海外，一个百分之百完满的人生是没有的……旧社会的皇帝老爷子也包括在里面。他们君临天下，“率土之滨，莫非王土”，可以为所欲为，杀人灭族，小事一桩。按理说，他们不应该有什么不如意的事。然而，实际上，王位继承，宫廷斗争，比民间残酷万倍。他们威仪俨然地坐在宝座上，如坐针毡。虽然捏造了“龙御上宾”这种神话，他们自己也并不相信。他们想方设法以求得长生不老，最怕“一旦魂断，宫车晚出”。连英主如汉武帝、唐太宗之辈也不能“免俗”。汉武帝造承露金盘，妄想饮仙露以长生；唐太宗服印度婆罗门的灵药，期望借此以不死。结果，事与愿违，仍然是“龙御上宾”，呜呼哀哉了……这些皇帝手下的大臣们，权力极大，骄纵恣肆，贪赃枉法，无所不至。在这一类人中，好的大概极少，否则包公和海瑞等决不会流芳千古，久垂宇宙了。可这些人到了皇帝跟前，只是一个奴才。常言道：伴君如伴虎。可见他们的日子并不好过。据说明朝的大臣上朝时在笏板上夹带一点鹤顶红，一旦皇恩浩荡，钦赐极刑，连忙用舌头舔一点鹤顶红，立即涅槃，落得一个全尸。可见这一批人的日子也并不好过，谈不到什么完满的人生……至于我辈平头老百姓，日子就更难过了。建国前后，不能说没有区别，可是一直到今天仍然是“不如意事常八九”。早晨在早市上被小贩“宰”了一刀；在公共汽车上被扒手割了包，踩了人一下，或者被人踩了一下，根本不会说“对不起”了，代之以对骂，或者甚至演出全武行；到了商店，难免买到假冒伪劣的商品，又得生一肚子气……谁能说，我们的人生多是完满的呢……

车尔尼雪夫斯基也说过：“既然太阳上也有黑点，人世间的事情就更不可能没有缺陷”。任何人、任何物都不可能完满。即使有圆满，也是暂时的，而缺憾却是常态。古人云：人有悲欢离合，月有阴晴圆缺，这是千古不易的自然规律。但月亮终究会有圆满的一天，我们需要做的，就是在此过程中保持一份淡定。

有一则寓言：

有一个被切去一角的圆，它很想恢复完整，没有残缺的活着，便踏上行程，四处寻找失去的部分。由于它残缺不全，滚动得很慢，所以它能在路上欣赏风景，闻花香，和毛毛虫聊天，享受阳光和雨露。它遇到过各种不同的碎片，但有的太小，有的太大，有的太尖锐，有的又太方正。有一次，它好像找到了一块合适的，但没有抓牢，又掉了；还有一次，它抓得太紧，弄碎了……直到有一天，它终于找到一个非常合适的碎片，它小心地把碎片拼在自己身上，快乐地滚动起来。由于它变得非常完整，所以滚动起来特别快，快得使它停不下来，看不清路边的花草树木，也不能和毛毛虫聊天。于是它主动停下，把那块补上的碎片又丢在了路旁，慢慢地滚走了。

就像那个缺角的圆一样，世上没有任何人的生命完整无缺。只要他肯面对现实，每个人都至少缺少一样他认为很重要的东西。有人夫妻恩爱，郎才女貌，却患有严重的不育症；有人才干非凡，潇洒倜傥，情字路上却异常艰辛；有人学界泰斗、德艺双馨，却子孙不孝，互争财产；有人看似好命，却一头糨糊，形同白痴……每个人降生在世上，多少都带有点缺憾。很多缺憾还是既无法避免，也无法改变的。但你可选择憎恨它，也可以选择善待它。无论如何，你都不可能摆脱它，除非你想摆脱生命。

3. 不要攀比

有钱人互相攀比，争的是个面子，比来比去，比得满肚子的气。金钱没有带来快乐，而带来了不必要的烦恼。

现在社会上，攀比之风害人不浅。前几年，报纸上登了一篇报道，说是几个有钱人在一起比富。一个南方的大款定了三万元一席的饭菜招待朋友，显示他有钱。一位北方的大款不服气，一下拿出三十万元，对饭店的人说：就照这个数我回敬一桌。这件事情在社会上引起了很大的反响。

还有些人家结婚办喜事，也要跟人攀比，比排场、比风光、比派头、你家摆了五十桌，我就要凑够一百席；你家来了十辆车，我就要来二十辆。比的结果是劳民伤财，彼此结怨。

做人不可有攀比之心，俗话说：人比人活不得，骆驼比驴驮不得。

让我们读一则这样的故事：

在上海希尔顿饭店豪华歌厅，一位沾着“祖上荣耀”搞家电批发的阔少在两瓶马爹利下肚之后，便醉醺醺地宣布：“今晚所有人的费用我开销。”众人大悦，阔少更是趾高气扬目空一切。一位文静白皙如书生模样的青年并未理会，他算好了自己的费用，服务生不收，并重申了阔少的慷慨。书生径直走向阔少，把钱递给他。阔少老大不快，像见外星人一样吃惊："你别狗咬吕洞宾，不识好人心！"书生回答："我不接受你这种居高临下的馈赠。"阔少轻蔑地一笑："老子有钱！钱就是大哥大！"书生说："有钱是好事，有钱也不能贬低别人，抬高自己，别人和你一样都是人！"阔少大笑："别酸了！老九，我扳个小指头够你吃一辈子！今晚我请定了！"书生眼里流露出一丝愠怒："你有多少钱？"阔少笑得更疯，他喜欢与人比阔。事后，不知天高地厚的阔少才知道这位来自北京的书生是我国最杰出的计算机专家之一，是国际专利拥有者，掌管着一个集团公司的大总裁。

有些人有一点钱就不知天高地厚，与人比阔斗富，结果往往输得很惨。

你现在有一万元，你就可以享受一万元的快乐。如果你跟人家一比，人家有一百万了，你的一万元的快乐就会烟消云散，本来你的天空有温暖的太阳，这时就会阴云密布。所以不要与人攀比，要按以下几点来要求自己：

（1）保持一颗平常心态，过自己的日子。

（2）不羡慕别人的荣华富贵。

（3）尽自己最大的努力去创造财富。

（4）在创造的过程中，享受生活的快乐。

（5）不管结果好坏，收获大小，只要付出了劳动，就会感受到快乐。

不与人攀比，你就会享受生活对你的馈赠，你就会享受生活的快乐和幸福。所以，我们一定要知道，你的生活是你的，别人的生活是别人的；你的幸福也是你的，别人的幸福也是别人的。比也没用，只能是给自己增加没必要的烦恼。